这本书属于

一个名字

代表一段历史

"玛莎"

是已知最后一只旅鸽的名字

人们用 美国第一位总统夫人的名字
来为它命名

这是一个关于
玛莎和它生存的这片土地的故事

图书在版编目（CIP）数据

最后一只旅鸽玛莎 / 任文煜编绘. —北京：中国
环境出版集团, 2025.1
（勿忘我）
ISBN 978-7-5111-5391-3

Ⅰ.①最… Ⅱ.①任… Ⅲ.①鸽形目—普及读物 Ⅳ.
①959.7-49

中国版本图书馆 CIP 数据核字 (2022) 第 244181 号

审图号：GS 京（2024）0587 号

出版人　武德凯
责任编辑　田　怡
装帧设计　任文煜

出版发行　中国环境出版集团
　　　　　（100062 北京市东城区广渠门内大街 16 号）
　　　　　网　　址：http://www.cesp.com.cn
　　　　　电子邮箱：bjgl@cesp.com.cn
　　　　　联系电话：010-67112765（编辑管理部）
　　　　　　　　　　010-67175507（第六分社）
　　　　　发行热线：010-67125803，010-67113405（传真）

印　　刷　玖龙（天津）印刷有限公司
经　　销　各地新华书店
版　　次　2025 年 1 月第 1 版
印　　次　2025 年 1 月第 1 次印刷
开　　本　889×1194　1/12
印　　张　5
字　　数　95 千字
定　　价　238.00 元（全四册）

中国环境出版集团郑重承诺：
中国环境出版集团合作的印刷单位、材料单位均具有中国环境标志产品认证。

勿 忘 我

最 后 一 只 旅 鸽
玛 莎

目　录

写在前面

　　有这么一群动物个体，它们是它们家族中的最后一员，儿时在野外出生，青年时目睹同类被猎杀殆尽，中年时被抓进动物园，老年时被世人知晓并珍惜。人们奋力保护，为它起名，为它寻找配偶，为它配置高端的福利设施，但这只动物还是死了，同时也意味着这个物种的灭绝。

　　它们的命运坎坷又鲜为人知，而且这样的动物不在少数，于是我想为这群特殊的群体写书立传。随着我查阅的资料越来越多，知道的细节也越来越多，比如它们出生在何时何地，何时被谁捕获，被安置在哪家动物园，哪个展区，展区的布局什么样，饲养员和它的关系如何……发现自己也欣喜于将这些零星的历史细节拼凑的渐渐立体，仿佛进入了那段历史。

　　您可以把这套书当成绘本、科普读物或是回忆录。我希望能带您进入这段历史，窥探它们的生活。通过了解这些灭绝的动物，记住失去的，珍惜还有的。

旅鸽 玛莎 Martha

（ 1885 ？—1914 . 9 . 1 ）

旅鸽的形态与分布

北美洲

分布区域

繁殖区域

旅鸽的雄鸽背部为蓝灰色，喉部和胸部为橙色，雌鸽颜色暗淡一些，但两性颈部都有粉色的羽毛，在阳光照射下会反射出金属光泽。

旅鸽比城市中常见的家鸽稍大一些，体重约350克，身长17英寸*，翼展24英寸，尾长8英寸，雌鸽比雄鸽略小。

旅鸽分布于北美大部分地区，东至大西洋沿岸，西至密西西比河，北至五大湖，南至弗吉尼亚。这个范围也反映了山毛榉、橡树和栗子树的分布，这些树的果实是旅鸽最重要的食物。

旅鸽有时又被译作"候鸽"或"漂泊鸟"，它们一生都在不断的迁徙，特别是每年8—10月会集结成现在人们无法想象的壮观队伍自北向南迁徙，这也是它们名字的来源。

旅鸽是一种为速度而生的鸟，身体呈流线型，有尖尖的翅膀和长长的尾羽。它们的肌肉也很结实，发达的翅膀占了身体40%的重量。

---

* 1英寸＝2.54厘米。

第一章

旅鸽

又称"漂泊鸟"

它们一生都在觅食和繁衍

足迹遍布大半个北美

它们是当时北美数量最多的鸟类

据说每 10 只鸟中

就有 4 只是旅鸽

天空与大地的记忆

　　一万年前的北美大陆，那时的人很少，动物很多，动物们按照自己的方式统治着世界。成群的猛犸和美洲野牛像黑色的地毯般覆盖大地，旅鸽群像乌云一样在天空移动，这是一片干净的，生机蓬勃的大陆。

健忘的人类

史前美洲大陆物种之丰富，是如今的人们无法想象的。人类到达之前的美洲，物种比今天要丰富很多，和非洲一样也有大象、狮子和鬣狗，以及更加奇特的大地懒、雕齿兽和刃齿虎。它们共同组成了美洲独特的动物区系。

猛犸：

广泛分布于北美和欧亚大陆的猛犸被看作史前动物的代表。其实当埃及金字塔落成之时，依然有一小批猛犸残存于欧亚大陆偏远的岛屿上。可以说，猛犸属于灭绝不久的物种。

叉角羚：

仅产于北美的偶蹄动物，与其他地区的羚羊亲缘关系较远，是奔跑最快的动物之一。在欧洲人到达之初有3500万头，如今尚存70万头，种群数量下降了98%。促使它奔跑如此迅速的天敌——酷似猎豹的惊豹，已在1万年前灭绝。

美洲野牛：

欧洲人到达之初，北美中部奔跑着约6000万头野牛，在东部森林中还分布着数百万头体型更大的森林亚种。19世纪，美洲野牛遭到了欧洲人疯狂屠杀，下降到不足1000头，如今略有增加。但曾经的栖息地已大量丧失，无法再恢复到历史水平。

基线偏移综合征

人类一直在遗忘，将自己这代人所见的世界默认成是正常状态，认为祖父辈对大自然丰饶的描述可能是虚空牵强的。海洋生物学家丹尼尔·波利（Daniel Paily）由此提出了"基线偏移综合征"（shiftingbaseline syndrome）这一概念，认为每一代人都倾向于在它自己记忆中的基线的狭窄范围内思考。

空中的绸带

　　当成群的旅鸽在空中移动时，每一只旅鸽会准确跟随前一只旅鸽的路径，无数个瘦小的身躯组合在一起，形成一条条绵延超过一英里*的曲线，远看仿佛是一个巨大的、优雅的生命体。

---
*　1 英里≈1.61 千米。

旅鸽的数量

旅鸽曾是北美洲最多的鸟类，数量大概在 30 亿 ~50 亿只，这远超过当时的世界人口。鸠鸽类的飞行依靠快速振翅，在飞行时它们初级飞羽的羽尖会发生碰撞，制造出尖锐的摩擦声，因此一只旅鸽飞行的声音在三四十米外也能听到，而当上亿只旅鸽一起振翅时，声音如同雷声。

西蒙·波卡贡（Simon Pokagon，1830—1899），印第安原住民。他用英语记述了儿时对旅鸽的记忆：

"……有时，我看到它们像一条泛着不同颜色波浪的大河，当这条大河来到某个深谷时便一泻千里，那声音听起来像一股旋风……我感到无比地惊讶、赞叹和敬畏。"

亚历山大·威尔逊（Alexander Wilson，1766—1813）记述了一次在肯塔基州的经历：

"他们（猎捕旅鸽的百姓）告诉我，鸟群的声音太大，大到听到他们的马，一个人很难听到另一个人的讲话。"

约翰·詹姆斯·奥杜邦（John James Audubon，1785—1851）在 1842 年的一段记述：

"毫不夸张地说，空中满是鸽子（指旅鸽，下文同），正午的光线晦暗，如同被日食遮蔽。鸟粪点点掉下，仿佛飘的雪片——此后接连三天，鸽子继续经过，数量丝毫不减。"

一生漂泊

正如名字一样，旅鸽的一生都在旅行，不断在北美大陆寻找有食物的地方。它们知道最壮硕的山毛榉、橡树和栗子树生长在哪里，什么时候开花，什么时候结果。那时候，广袤的天空和森林任由它们翱翔

旅鸽的食性

鸟类具有良好的空间记忆力。若一只野生旅鸽足够幸运，它的寿命可能长达15年，可以推测，一只老年旅鸽可能在美国的6个或更多的州筑过巢，能记住半个北美几年来的食物分布状况。

山毛榉、橡树、栗子树的果实是旅鸽最爱吃的三种食物，这些果实都含有丰富的淀粉和蛋白质，能帮助旅鸽度过严寒。

山毛榉在树龄40年后开始结果，每隔2~8年会有一次大量的生产，这在一个区域内的树林中是同步进行的。橡树则在25岁开始结果，每2~5年大量生产一次。栗子树的果实产量更高，但营养价值相较也更低。

橡树（栎）

山毛榉

栗子树

大胃王

　　一旦到达一片水草丰美之地，鸽群会迅速降落，大量吞食成熟的果实，它们还会将吃不完的果实储存起来，在它们胸前，有一个类似松鼠颊囊的嗉囊。

旅鸽的嗉囊

　　旅鸽会将食物临时存放在嗉囊当中，嗉囊为双侧囊，位于食管中部，下方有叉骨支撑。人们曾在一只被打落的旅鸽嗉囊中发现 17 颗橡果。为了能软化和研磨橡果，旅鸽会时常造访河岸，大量饮水和吞食小石子。旅鸽的消化能力很强，会在 12 小时内分解完所有的食物，有时一群旅鸽一起排泄，像下雪一样。

　　除了临时储存食物外，嗉囊还会分泌一种乳白色黏稠状的"鸽乳"，"鸽乳"富含脂肪和蛋白质，在幼鸟尚不能进食固态食物时，成鸟会嘴对嘴向幼鸟喂食"鸽乳"。

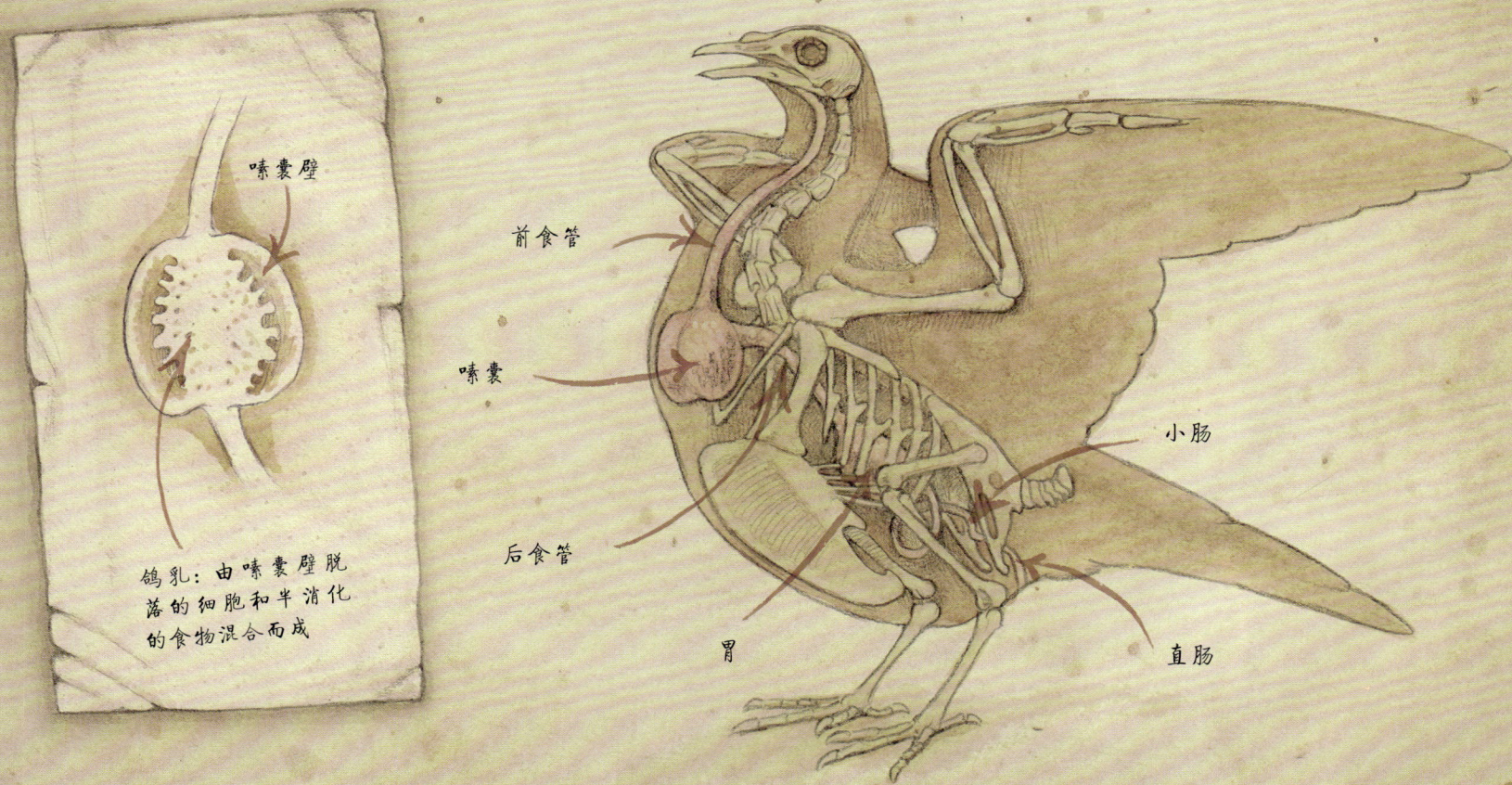

嗉囊壁

鸽乳：由嗉囊壁脱落的细胞和半消化的食物混合而成

前食管

嗉囊

后食管

胃

小肠

直肠

生生不息

　　旅鸽的一生都讲究速度和效率，从成鸽产卵到幼鸽独立生存，也被压缩到了短短 1 个月。每年春季，鸽群会选择食物丰美的区域就地筑巢，上亿只成鸽几乎同时筑巢、孵卵，又有上亿只新生的幼鸽几乎同时被孵化、换羽、离开巢穴，自此开始它们漂泊的一生。

旅鸽的出生和成长

　　每年的 3—6 月是旅鸽的繁殖季，它们的繁殖地每几年都会变，会选择食物丰盛的地区就地筑巢。旅鸽发育的速度很快，孵化 13 天幼鸟便破壳而出，父母喂养 15 天就可独立生活。而体型相近的家鸽完成这两个过程分别需要 18 天和 35 天。整个繁殖过程中旅鸽群保持着高度的一致性，所以，树林里会一夜间突然挤满了鸽子巢和需要喂食的幼鸟。

7. 出生 14 天后，父母突然将幼鸽遗弃在巢穴中，此时肥硕的幼鸽可能比父母还要重，这是它们最易受攻击的时期。印第安人会挑这个时期爬到树上抓捕幼鸽。

1. 旅鸽为一夫一妻制，求偶期间，雄性会鼓起颈部，头部上下晃动，尾羽展开。若雌性也有意，会将喙深入雄鸽口中，做乞食状。

2. 结成夫妻后，雄鸽会收集树枝，雌鸽搭建巢穴，这个过程很快，1 天就可搭建完成。

6. 一周后，父母开始喂食正常的食物，食物包括蚯蚓、蜗牛和各种昆虫。

8. 在 3~4 天后，饥饿促使幼鸽离开巢穴，独自学习飞行和觅食。

3. 雌性会产下 1~2 枚卵，由雌、雄鸟轮流孵化，交接时间集中在下午 3 时，由于巢穴只能容下一只成年旅鸽，另一只会在附近的树上过夜。

5. 头一周，幼鸟没有能力进食正常的食物，成鸟无论雄雌都可以分泌出叫"鸽乳"的液体喂给幼鸟。

4. 经过 13 天的孵化，小鸟破壳而出，所有鸽子均属于晚成鸟，新出生的幼鸟还不能睁眼，完全不能自理，由父母轮流喂养。

第二章

在各种物种灭绝的事件中

旅鸽的故事可以说惊心动魄

它充分展现了人类的贪婪和破坏力

移民

欧洲人的到来对这片大陆的所有的生命产生了深远的影响，包括原住民在内。这种影响既有针对性的屠杀，也有无意带来的疾病和入侵物种导致的破坏。

原住民的血泪之路

自 1492 年哥伦布登陆北美以来，欧洲人纷至沓来。旅鸽所生存的北美东部土壤肥沃，是欧洲移民最先定居的地方。

这里的原住民和欧洲人起初和平相处，原住民慷慨地给予欧洲移民种植、捕猎和采集的经验，感恩节也在这期间诞生。但欧洲人要得越来越多，意图霸占这里的土地，这超出了原住民能给予的范围，武装冲突不可避免地爆发了。

北美中部和西部

欧洲人自东向西深入北美，为了压制原住民的奋起反击，对其主要食物来源美洲野牛展开了灭绝式屠杀。美洲野牛锐减至不足 1000 头，幸存下来的原住民被驱赶到"保留地"，靠欧洲人的救济勉强偷生，保留地面积只占北美大陆的 2.3%，而历史上原住民则拥有45% 的土地。

北美东北部

欧洲人与原住民的武装冲突愈演愈烈。于是东北部森林中的六个部落组成了一个强大的"伊洛魁印第安联盟"（Iroquois Confederacy），由莫霍克人、奥奈达人、奥内达加人、尤卡加人、瑟内萨人、塔斯卡洛拉人这六个部落组成。英勇抵抗欧洲人长达一个半世纪，但在独立战争期间内部产生分裂，塞内卡和塔斯卡拉选择投靠敌人，最后导致联盟彻底瓦解。

北美东南部

北美东南部居住着切罗基人、克里克人、塞米诺尔人、奇克索人和乔克托人，他们被欧洲人称为"五大文明部落"，因为这些原住民会与欧洲人通婚并吸纳欧洲人的生活方式。但随着 1830 年《印第安人迁移法案》的签署，欧洲人以武力驱逐原住民到俄克拉荷马州，在这一千多英里的流亡路上原住民死伤惨重，被称之为"血泪之路"。

穿越森林的铁路

在旅鸽生存的美国东部森林，是最先铺设铁路的地方，也是人类活动十分频繁的地方。曾经广袤的树林被分解为一小块一小块的碎片，导致大群的旅鸽难以生存。深入森林的铁路也让人们可以更方便地深入旅鸽的筑巢区。

"......我认为，除非我们的森林面积不断变小，否则这一物种（旅鸽）不会灭绝。"

——奥杜邦

栖息地的减少

人类的发展史也可看成是砍树的历史，在北美洲也是如此。截止到 19 世纪末，美洲东部的森林覆盖率下降了一半，旅鸽的栖息地和食物来源也随之减少。

在旅鸽栖息地之一的俄亥俄州，欧洲人到达之初森林覆盖率为 95%，1853 年降为 54%，1883 年只有 18%，到 1900 年该州森林覆盖率降至约 10%。

19 世纪，美国铁路自东向西快速发展，旅鸽所在的东部林区成为最早铺设铁路和最密集的地方。旅鸽的栖息地开始碎片化，穿越筑巢区的铁路也使人们更方便地发现和运输旅鸽。

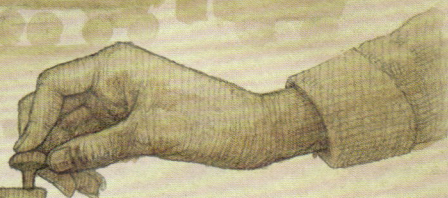

19 世纪 50 年代的电报机

电报机

19 世纪中叶铁路铺设的同时，电报的发展也实现了对旅鸽筑巢地点的快速共享，这对捕猎者而言又是一个福音。

1870 年，连接基尔伯恩市（Kilbourn City）和黑河瀑布（Black River Falls）的铁路开通，铁路附近是 1.5 亿旅鸽的繁殖地。到了次年的繁殖季，人们对这里的幼鸽持续了长达 40 天的捕杀。人们用木桶装幼鸽，每桶能装 30 打*，每天有 100-200 这样的桶搬上火车，向东运送到密尔沃基、芝加哥、圣路易斯、辛辛那提、费城、波士顿和纽约。

* 1 打 = 12 只。

大屠杀

    19世纪，对于美洲大陆的走兽和原住民来说是动荡不安的，空中的鸟儿也未能幸免。旅鸽吃农作物被认为是害鸟，同时又极容易捕捉，肉质美味。这使得它们成为欧洲人捕杀的对象。在捕杀的高峰期，捕获的旅鸽多到被贱卖、或当作牲畜饲料、或当作肥料或干脆扔掉。被倒进水沟中的旅鸽尸体染红了整条河流，整个屠杀季的空气中都弥漫着旅鸽血的味道……

捕杀旅鸽

　　与屠杀原住民和美洲野牛相比，针对旅鸽的屠杀更持久、更彻底，并且变成了一种全民皆可参与的活动，即使一位老人或儿童，拿着石头、剪刀向天空一扔，或是拿船桨用力一挥，也能打下几只旅鸽来……19 世纪上半叶，种群的减少还未显现，19 世纪 70 年代初大群的旅鸽仍然可见，然而到 19 世纪 70 年代末衰退的迹象开始显现，旅鸽先从沿海地区绝迹，随后是在西部和北部，从此也再没有发现大群的旅鸽。

运输：

随着铁路的发展，旅鸽会被快速运往各个城市。市集上的旅鸽尸体多到一只仅需 1 美分。

鸟网：

鸟网：一张鸟网一天可捕到上千只旅鸽，一个季度下来可以捕获上万只。

猪饲料：

有大量的旅鸽杀死，却因吃不完被浪费掉，会当作饲料、肥料或干脆扔掉。

"告密者"：

人们会活捉一只旅鸽，缝上它的眼睛拴在半空中。其他旅鸽以为它在降落被吸引而来，进入猎人的圈套。这只不幸的旅鸽被人们讽刺为"告密者"。

飞行靶子：

一些旅鸽会被现场处死，一些则会育肥后再食用，还有一些被收集起来，进行打猎比赛供人消遣。

逆境下的保护

在大屠杀的浪潮下，对旅鸽的保护开始艰难起步，一些欧洲人甚至美洲原住民参与其中。但总体而言，这种呼声犹如杯水车薪。

对旅鸽的研究与保护

　　最早从 18 世纪中叶开始，人们通过猎杀旅鸽，解剖并制作标本来对其进行科学研究，因为当时的鸟类种群还很健康，这种不人道的做法十分普遍。19 世纪下半叶，保护旅鸽的呼声开始出现，但只有少数州通过了相关法律，而即便在通过法律的州，其执行力也几乎没有。

　　1873—1875 年，宾夕法尼亚州的立法机构试图通过制定法律，禁止人们进入旅鸽的筑巢区和射杀旅鸽。1905 年通过了一项法律，10 年内禁止捕杀旅鸽，杀死一只旅鸽将罚款 25 美元。但此时旅鸽的野生种群可能已经灭绝。

1754 年马克·凯茨（Mark Catesdy）画了一只站在橡树叶子上的旅鸽，被认为是最早描绘旅鸽的西方作品。

1824 年秋，奥杜邦在匹兹堡绘制了一幅旅鸽的水彩画，是最著名的旅鸽画作。他的画作均临摹自他猎杀并制成标本的鸟儿，有人质疑这种做法是"为创造美而摧毁美"。

1905 年，以奥杜邦命名的民间环保组织奥杜邦学会（The Audubon Society）成立，并持续至今。

埃塔·威尔逊（Etta S Wilson，1857—1936），传教士与原住民女儿，记者和女性倡导者。1906 年开始转向鸟类的研究与保护，著有描写旅鸽的 *Personal Recollections of the Passenger Pigeon*。

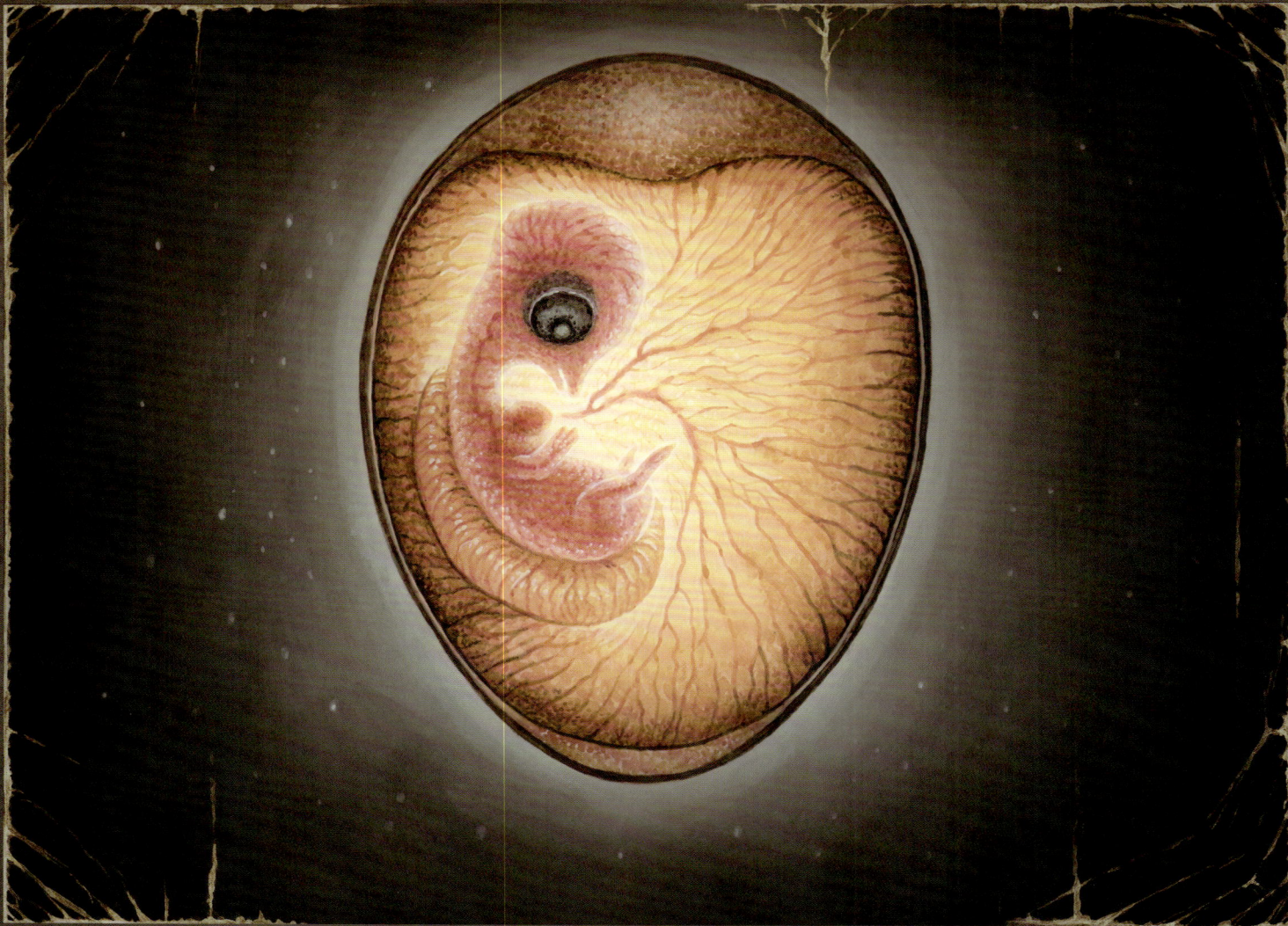

心跳

　　一小部分人尝试圈养繁殖旅鸽，收效甚微。在一颗旅鸽蛋中，胚胎的心脏开始跳动，它一意味着一个生命的开始。而多年后，随着这颗心脏的停止跳动，一个物种就此告别了地球。

鸠鸽的进化与灭绝

已知最早的鸠鸽化石出现于 2300 万年前的中新世，但其早期演化史尚不清楚。通过分子生物学研究，人们认为火烈鸟与鸠鸽关系亲密，二者都会从口中分泌糊状物喂养下一代。旅鸽在鸠鸽中位置较特殊，仅一属一种。

依靠卓越的飞行能力，鸠鸽能到达偏远的海岛，并在此演化出新的物种，如羽毛艳丽的尼柯巴鸠、鸟喙粗大的渡渡鸟，生存于小岛的鸠鸽种类大约占鸠鸽种类总数的一半。随着大航海时代的到来，这些海岛被接连发现，在人类捕杀、物种入侵、传染病等因素影响下，鸠鸽迎来了大灭绝时代，如今已有 20% 的种类濒临灭绝、13 种已经灭绝。其中最著名的当属渡渡鸟，它成了灭绝物种的代表，更多的物种则消失得悄无声息，厚嘴鸡鸠只留有两具标本、关于塔岛鸡鸠的记载只有一幅手绘插图，而诺福克鸡鸠除了来自 19 世纪的文字记载外，再也没有证据证明它们存在过。

此外，原鸽被人类驯化并扩张至全球，在许多地方取代了本土鸠鸽。鸠鸽的构成正变得单一化。

大红鹳
(*Phoenicopterus roseus*)

原鸽
(*Columba livia*)

尼柯巴鸠
(*Caloenas nicobarica*)

罗德里格斯渡渡鸟
(*Pezophaps solitaria*)

渡渡鸟
(*Raphus cucullatus*)

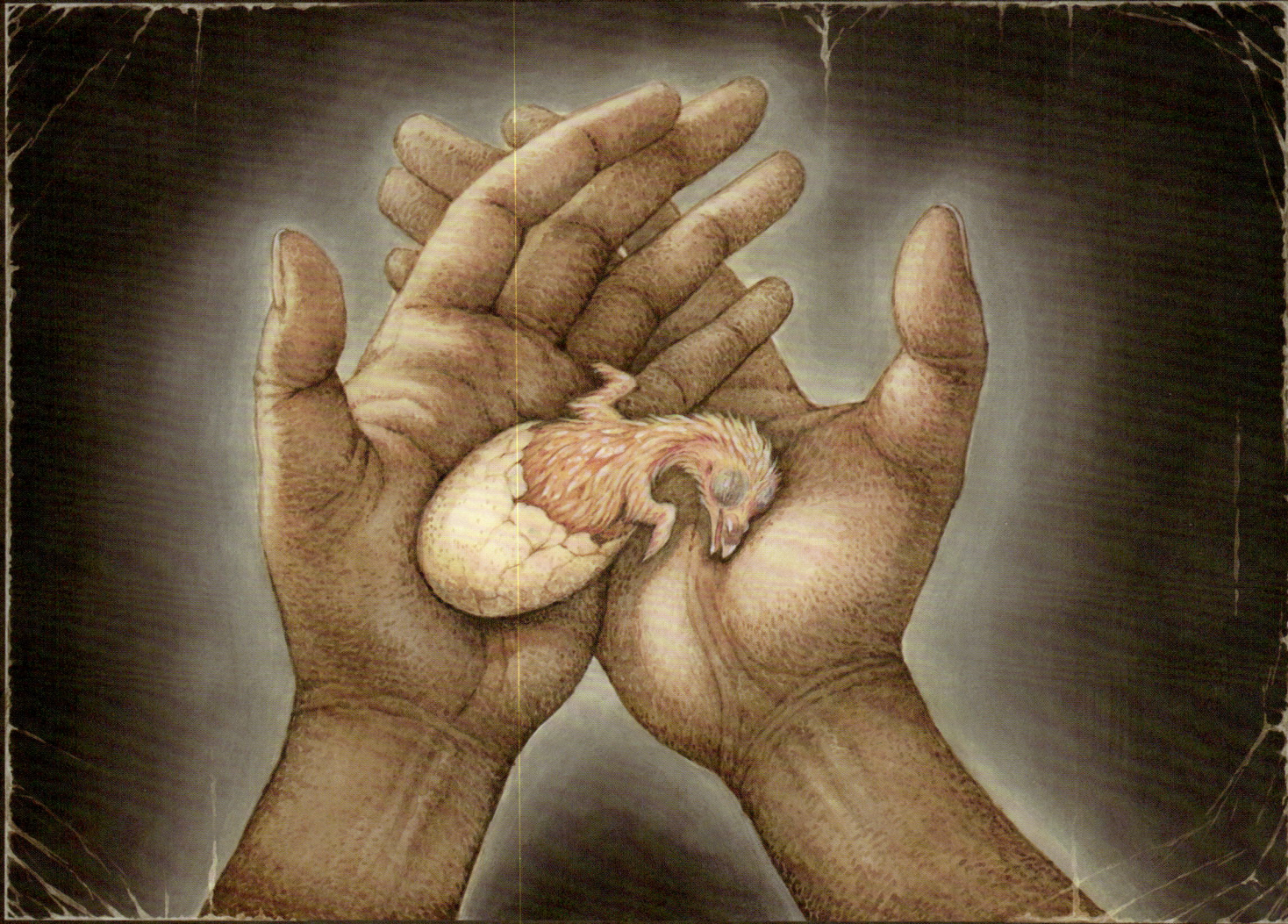

玛莎降生

1885 年，玛莎在生物学家惠特曼的鸟笼中降生，是少有的成功例子。

人工饲养的尝试

并非所有动物都能在人工饲养的环境下繁衍生长，旅鸽就是其中之一。19 世纪 30 年代，奥杜邦将一些旅鸽运往英国，鸽子虽然成活但没有繁衍。19 世纪末，在野生种群濒临灭绝之际，全美有 3 个地方饲养着旅鸽：

密尔沃基种群：发起人神学家大卫·惠特克（David Whittake），1888 年圈养两只旅鸽，之后数量最多时达到 15 只，并在 1896 年 3 月 4 日卖给芝加哥的惠特曼 3 只旅鸽。

芝加哥种群：发起人惠特曼酷爱鸽子，饲养了包括岩鸽、欧亚领斑鸠和旅鸽等 30 种共 550 只鸽子。其中旅鸽在 1902 年数量达到 8 对 16 只，这年他将一只雌性旅鸽（就是玛莎）送给辛辛那提动物园。此后手里的旅鸽开始减少，1906 年剩 5 只，1907 年全部死亡时，只有辛辛那提动物园还剩 3 只旅鸽。

辛辛那提动物园种群：是数量最多的种群，在 1875 年动物园开业时就拥有了 22 只旅鸽。在 1877 年以 7.5 美元的价格又引进 3 对旅鸽，甚至在 1878 年（或 1879 年）有成功繁殖的记录，但总体而言呈缓慢下降的趋势。

查尔斯·奥蒂斯·惠特曼（Charles Otis Whitman，1842—1910）是芝加哥大学动物学家，曾在东京帝国大学任教。科研期间饲养了许多鸟类进行观察和实验，他戏称玛莎是"我的特别宠物"。

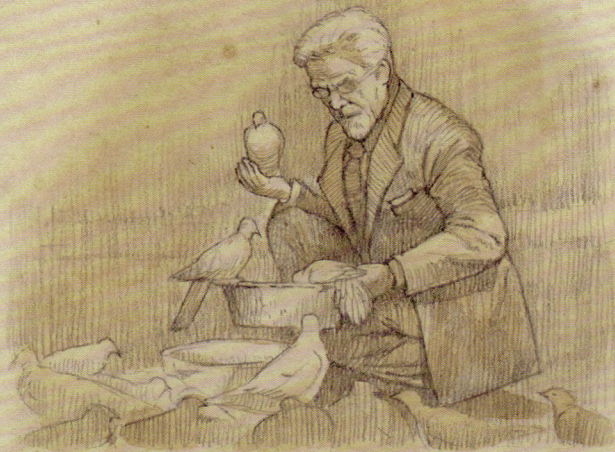

玛莎的饲养者惠特曼

辛辛那提动物园

辛辛那提动物园概述

　　辛辛那提动物园于 1875 年 9 月 18 日开业，是美国历史上第二悠久的动物园。开业之初占地 66.4 英亩*，有动物 769 只。1907 年冬，密尔沃基和芝加哥的旅鸽种群全部死亡，至此全世界只有辛辛那提动物园还剩下 3 只旅鸽，为 2 只雄性和 1 只雌性。1909 年 4 月，其中一只雄性死亡，人们将剩余的一雄一雌起名乔治和玛莎，这是美国第一任总统和他的夫人的名字。

辛辛那提动物园地图
（根据 1878 年资料绘制）

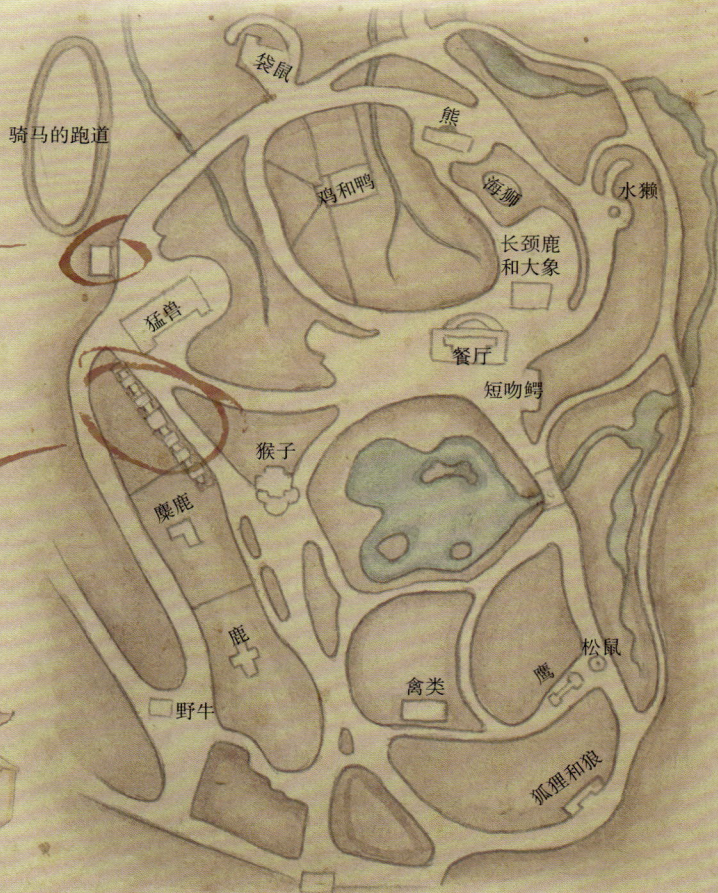

旅鸽纪念馆：

如今为了纪念玛莎，人们又在原址的北面，仿造当年的风格建立了旅鸽纪念馆，馆里陈设着三具旅鸽填充标本，门前还竖立着玛莎铜像。

旅鸽展区：

包括玛莎在内的所有旅鸽被安置在动物园西边的飞禽展区中。飞禽展区是一块狭长的地区，由一排共 7 个东方凉亭风格的鸟笼组成。到 20 世纪 50 年代，这些鸟舍被改造成猴子展区，1974 年被全部拆除。

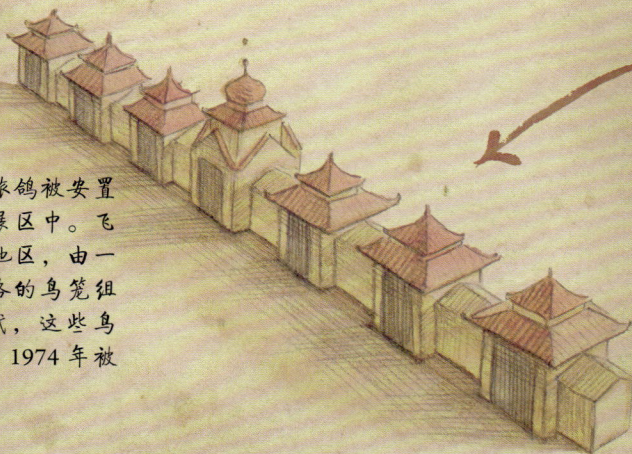

---

　* 1 英亩 = 4046.864798 平方米。

最后两只

最后两只旅鸽为一雄一雌，人们用美国首位总统及其夫人的名字为它们命名，雄鸽叫乔治，雌鸽叫玛莎。但尊贵的称呼没能为它们多带来些福气。1909 年 7 月，乔治死亡，玛莎成为最后一只旅鸽。

野生旅鸽的最后记录

雄性旅鸽乔治死后，动物园在玛莎的笼子附近竖起告示："谁若能给玛莎找到一个伴侣，悬赏 1000 美元。"此时玛莎是唯一还活着的家养旅鸽，而最后一起野生旅鸽的确切记录也已经是数年前的事了。

1900 年 3 月 24 日，在俄亥俄州的派克县，一名 14 岁的男孩在后院喂牛时，发现树上栖息着一只奇怪的鸟，由于担心家里的玉米被偷吃，男孩向父母要来家里的猎枪，把它打了下来。父母看到这只死鸟，认出这是儿时见过的旅鸽，便做成标本保存起来，由于手头没有合适的材料，眼睛就用纽扣来代替。

这具旅鸽标本便有了一个绰号——"纽扣"。

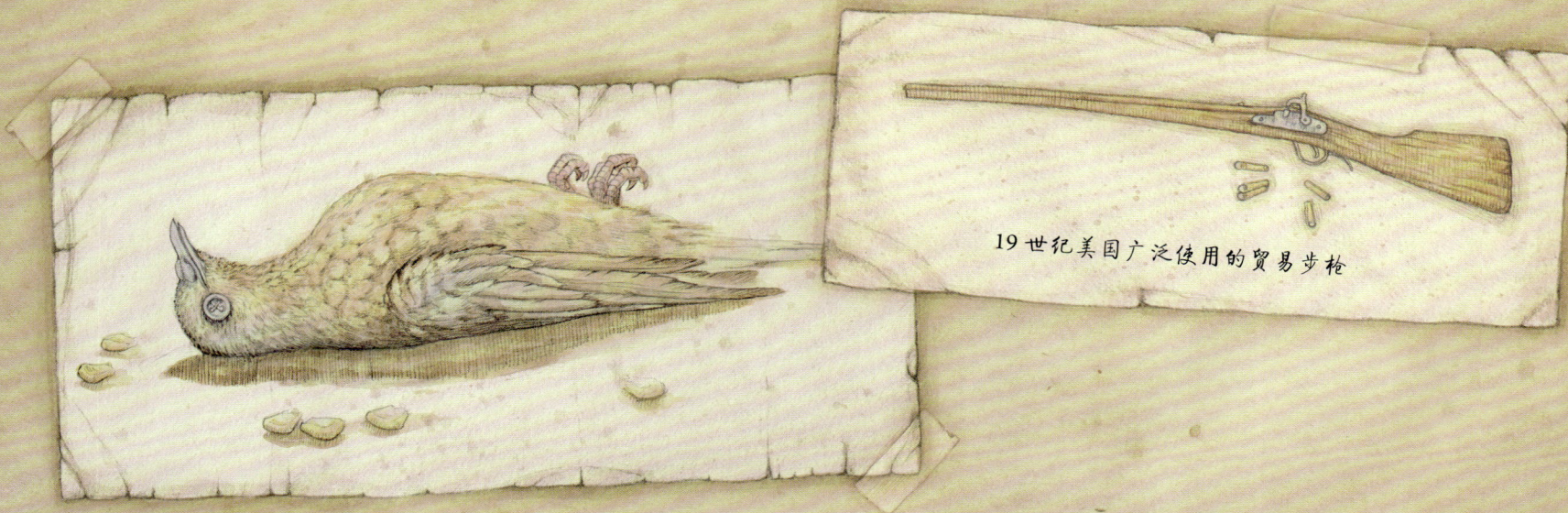

19 世纪美国广泛使用的贸易步枪

最后一只

    1914 年 8 月，主管索尔·A·斯蒂芬发现玛莎躺在地上，仿佛已经死了，斯蒂芬轻轻向它撒了些小沙粒，玛莎惊醒了过来，继续活动，那天晚上还能很积极地进食。不到 1 个月，9 月 1 日星期二下午 1 时，玛莎又躺在地上一动不动了，这一次它再也没能被唤醒。

玛莎之死

晚年的玛莎大病一场，虽没有要命但却再也没好过，人们在离地面只有几英寸的地方为玛莎盖了一个新窝，因为它已经老到飞不到之前高处的旧窝了。长长的尾羽也因常与地面摩擦而磨损脱落。游客们慕名前来观看最后一只旅鸽，看到的却是只不爱动弹的老鸟，于是常有些不耐烦的游客向玛莎扬沙子，希望看到它有所反应。

索尔·A·斯蒂芬（Sol A Stephan 1849—1949）是玛莎晚年的饲养者，也是辛辛那提动物园的馆长，在这里就兢兢业业工作了 51 年。

> 在"她"最后的伴侣死去之时，玛莎已经 25 岁，显然"她"也不太会再活太久。然而"她"却又独自苟活了几年。这对于社会性极强的旅鸽而言，不知道孤身生活着会是一种痛苦的折磨吗？"
>
> ——埃罗尔·富勒（Errol fuller）

之后，"那一天"终于到来了，1914 年 9 月 1 日，美国东部时间下午 1 时，旅鸽玛莎死亡的消息通过广播传遍全国。曾经美洲数量最多的鸟类在一个世纪里被捕杀殆尽，展现了人类惊人的破坏力。

第三章

随着玛莎的去世

旅鸽的故事到此结束

但这个不大的鸟笼还将见证着

另一种鸟类的灭绝

简小姐和印卡斯

旅鸽玛莎的故事结束了，然而不久后，这个不大的鸟笼还将见证另一种鸟类的灭绝——卡罗莱纳长尾鹦鹉。简小姐（Lady jane）和印卡斯（Incas）是这个物种的最后两只

卡罗莱纳长尾鹦鹉简介

卡罗莱纳长尾鹦鹉体型娇小，体长 30 厘米。这种可爱的小鸟是美国唯一的本土鹦鹉，乃至在整个鹦鹉家族的分类上也是相对独立的，它们可以适应其他鹦鹉难以应对的寒冷气候。这种鹦鹉生活在美国东部的森林中，以阿巴拉契亚山脉为界，分为东部和西部两个亚种，西部亚种的毛色相对更绿一些。

卡罗莱纳长尾鹦鹉喜欢吃柏树、枫树和榆树的种子。但不幸的是它们会反复的光顾果园和农田，并且祸害掉的部分比它们实际吃掉的部分要多得多，招致农民的憎恶。当一只卡罗莱纳长尾鹦鹉被打死后，它的伴侣会飞回来，在上空徘徊尖叫，这令它们更容易被捕捉。同时，时装行业对羽毛的需求，欧洲蜜蜂的入侵，都对卡罗莱纳长尾鹦鹉造成了威胁。到了 1910 年代，就没有关于野生卡罗莱纳长尾鹦鹉的确切记录了。

成鸟的身体为绿色，头部黄色为主，前端为橙红色，雌雄都如此。未成年的鹦鹉头和身体均为绿色。

"白人的苍蝇"

欧洲蜜蜂可能是随着殖民者的船只到达美洲，并迅速在森林中扩张。印第安人不曾见过蜜蜂，并且它们的出现往往意味着欧洲人的到来。印第安人便将其称为"白人的苍蝇"。卡罗莱纳长尾鹦鹉习惯在天然的树洞筑巢，不幸的是欧洲蜜蜂也是如此。因此即便是看上去很健康的森林，实际上也早已没有卡罗莱纳长尾鹦鹉的立足之地。欧洲蜜蜂的入侵，也是造成卡罗莱纳长尾鹦鹉灭绝的原因之一。

印卡斯

1917年夏，简小姐去世。没过几个月，1918年2月21日夜晚，印卡斯也死了。饲养员很确定，它死于悲伤。这离玛莎去世只过了4年。

卡罗莱纳长尾鹦鹉的灭绝

最后一只雄性鹦鹉印卡斯，是幼年期间在野外被捕获的。19世纪80年代的某一天，辛辛那提动物园以每只2.5美元的低价引进了16只卡罗莱纳长尾鹦鹉，其中就包括印卡斯。这一批鹦鹉中也包括简小姐。后来随着野生种群的消失和圈养个体的一只只死去，印卡斯和简小姐成为最后两只幸存者，伦敦动物园似乎意识到它们的特殊性，试图以400美元的高价购买它们，但被拒绝了。

1918年印卡斯去世之时，对其尸体的处理照例和玛莎一样，被冷冻起来运送到华盛顿史密森学会。但装有印卡斯尸体的包裹寄出后却没能到达目的地，究竟发生了什么，谁也不知道。

导致鹦鹉灭绝的另一个原因是女性时尚，仅在19世纪最后30年，就有数以亿计的鸟类因此丧生。生产1千克优质的羽毛，需要杀死800~1000只鸟。

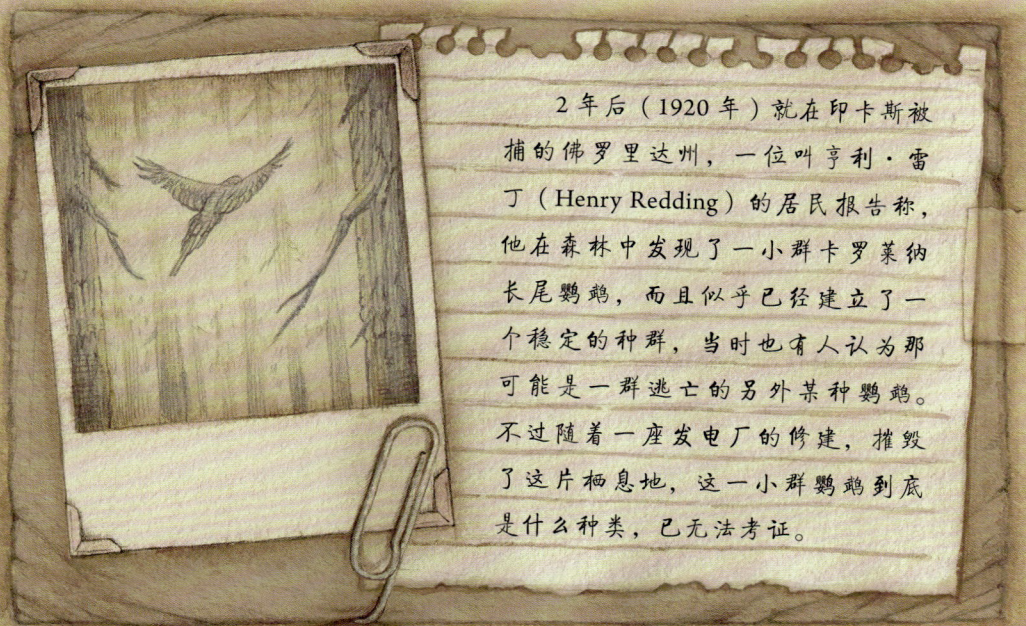

2年后（1920年）就在印卡斯被捕的佛罗里达州，一位叫亨利·雷丁（Henry Redding）的居民报告称，他在森林中发现了一小群卡罗莱纳长尾鹦鹉，而且似乎已经建立了一个稳定的种群，当时也有人认为那可能是一群逃亡的另外某种鹦鹉。不过随着一座发电厂的修建，摧毁了这片栖息地，这一小群鹦鹉到底是什么种类，已无法考证。

"如今，
那些在其幼年时代见过旅鸽的人，依然大有人在，
很多当时被鸽群飞过所产生的劲风摇动的树枝，也仍然活着。

但再过十年，恐怕就只有最老的橡树还记得它们了，
而如果将时间延长得更久远一些，想必只有山丘还能想起它们的样子。"

——奥尔多·利奥波德《沙乡年鉴》

THE END

玛莎死后

玛莎死于 1914 年 9 月 1 日，人们马上对其尸体进行了冷冻处理，它被包裹在 140 千克的冰块中，通过火车在 9 月 4 日运至华盛顿史密森学会，由舒费尔特教授对玛莎进行解剖。解剖结果显示玛莎是一只很老很瘦的鸟，它的生殖系统出现了萎缩，这种变化对于一只年老又孤独的动物而言是可以预见的。

身为最著名的旅鸽，玛莎的标本与公众见面的时候并不多，它的标本的编号为 USNM 22397。在史密森博物馆举办的"旅鸽灭绝 100 周年"展览时曾短暂展出。而那只绰号叫"纽扣"的旅鸽，则一直在公开展出。

在网上寻找玛莎

已知的玛莎生前照片并不多，不过它的标本照片很多且能够被辨认。一反它晚年衰老脆弱的状态，玛莎的标本昂首挺胸，一双鲜红的大眼睛向右远眺。

起皱的飞羽

中间最长的尾羽已经脱落，其余尾羽的末端也有磨损

罗伯特·威尔逊·舒费尔特（Robert Wilson Shufeldt，1850—1934）善于解剖鸟类。在对待玛莎时，他并没有将心脏进一步解剖，而是完整地保留下来，他的记录如下：

"——也许多少受情感因素的影响，因为这是世界上最后一只'蓝鸽子'的心脏。随着那颗心最后一次跳动的停止，又有一种鸟类永远地灭绝了。"

真实照片

玛莎生前照片之一

勿忘我　名片

姓名：玛莎 Martha

性别：雌性

种族：旅鸽

生卒年：1885 年？（可能为人工饲养）—
　　　　1914 年 9 月 1 日（自然死亡）

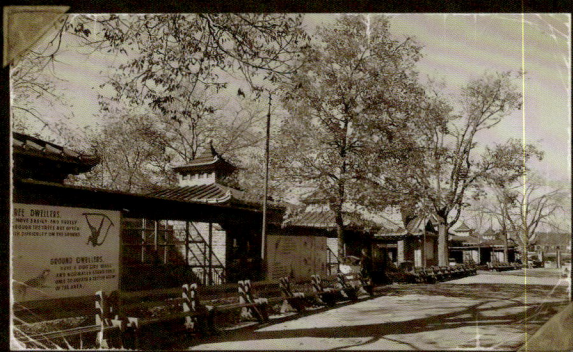

已经被改造成猴子展区的鸟舍

玛莎生前照片之二

该物种因为人类的自私和贪婪而灭绝。

——旅鸽纪念碑

报道玛莎去世的报纸

陈列于史密森学会的玛莎标本，拍摄于 1985 年

仿造玛莎故居而建造的
旅鸽纪念馆

旅鸽编年史

1492 年

哥伦布来到新大陆，当时旅鸽的数量可能有 30 亿~50 亿只，占北美大陆鸟类总数的 25%~40%。

1605 年 7 月 12 日

塞缪尔·德·尚普兰在缅因州海岸射杀旅鸽，这是欧洲人猎杀旅鸽的最早记录。

1806 年

美国鸟类学之父亚历山大·威尔逊记载，他在肯塔基州观察到一群数量超过 22.3 亿只的旅鸽群。

1813 年

著名鸟类画家奥杜邦描述了旅鸽群飞过俄亥俄河沿岸的情形，使天空变暗了三天。飞落的粪便如同下雪一般。

1830 年

第一条铁路开通。往后 30 年，有超过 30,000 英里的轨道铺设，为人类猎杀和运输旅鸽带来方便。

1851 年

佛蒙特州成为第一个对鸽子给予适度保护的州，禁止毁坏鸟巢和鸟蛋。

1875 年 9 月

辛辛那提动物园开业，是全美第二悠久的动物园。开放之初便拥有一群旅鸽。世上最后一只旅鸽在这里死去。

1885 年

最后一只旅鸽
玛莎出生。

1888 年

神学家大卫·惠特
克在密尔沃基试图
圈养旅鸽。

1900 年

一名男孩开枪打死
一只旅鸽，这是有
关野生旅鸽的最后
确切记录。这只旅
鸽的标本被命名为
"纽扣"。

1909 年

最后两只雄性旅鸽
相继去世，玛莎成
为最后一只旅鸽。

1914 年 9 月 1 日

玛莎以约 29 岁高龄去世。

1878 年

人们在密歇根州半岛南部
最北端的三个县发现了最
后一处大型的旅鸽筑巢
区，并且首次实施法律，
限制狩猎旅鸽的活动。但
仍有 1000 多万只旅鸽被
捕杀。

1896 年

芝加哥大学教授查尔
斯·奥蒂斯·惠特曼
从惠特克处获得一些
旅鸽。他本人也饲养
了多只鸽子。

1902 年

惠特曼将一只雌性
旅鸽送往辛辛那提
动物园。这只旅鸽
就是玛莎。

参考资料

[1] 利奥波德 . 沙乡年鉴 [M]. 舒新译 . 北京 : 北京理工大学出版社，2015:111-115.

[2] 约翰·詹姆斯·奥杜邦 . 美洲鸟类 [M]. 宋龙艺译 . 北京 : 北京理工大学出版社，2016:208-210.

[3] 阿塔克 . 最后一只漂泊鸟 [M]. 王晓翠译 . 武汉 : 长江少年儿童出版社，2018.

[4] 戴维斯·西蒙 . 消失的动物——美丽生灵的凄凉挽歌 [M]. 章晓明译 . 上海 : 上海社会科学出版社，2003:83-88.

[5] 埃罗尔·富勒 . 消失的动物——灭绝动物的最后影像 [M]. 何兵译 . 重庆 : 重庆大学出版社，2018:70-85.

[6] 拉德克·马利 . 消失的动物 [M]. 傅临春译 . 长沙 : 湖南科学技术出版社，2020:50-53.

[7] 伊莲娜·哈杰克，达米安·拉文顿 . 消失的动物 [M]. 刘学译 . 北京 : 电子工业出版社，2013:28-31.

[8] 马歇尔·罗比森 . 日益寂静的大自然 [M]. 林欣怡译 . 北京 : 北京大学出版社，2017:135-178，212-226.

[9] 布兰登·詹纽尔里 . 印第安艺术与文化 [M]. 简悦译 . 天津 : 天津教育出版社，2009:5-12.

[10] 克里斯托弗·佩利斯 . 鸟类百科全书 [M]. 叶建新译 . 哈尔滨 : 黑龙江科学技术出版社，2009：199-203.

[11] Mark Avery.A Message From Martha[M].New York: Bloomsbury Publishing，2015:46，54-75，80-83，138-147，166.

[12] Julin P Hume, Michael Walters.Extinct Birds[M].London: Poyser，2015:144-146，186-188.

[13] David Scofield Director.We Will Never See The Like Again[J].Western Pennsylvania History，2014,15:20-33.

[14] Shufeldt.Anatomy of the Passenger Pige[M]，1915:29-41.

[15] Maggie Turqman.Remembering Martha: the Last Passenger Pigeon, National Geographic，09/11/2014，https://blog.education.nationalgeographic.org/2014/09/11/remembering-martha-washington-the-last-passenger-pigeon/.

感　谢

　　这套绘本的前身可追溯到 2018 年我在公众号上发布的同名系列文章，感谢崔戴琪、张雨萌、金璇对于公众号的支持。感谢学长徐业博、刘滨鼓励我把这些文章扩充成绘本，朱婧琪、李孟推荐并提供了很多专业画材，绘本画师刘晓俏也向我介绍了创作过程。感谢摩点众筹的马麟老师，从绘本创作初期便开始关注，提出了很多推广上的意见。

　　正式创作时需要查阅大量资料，在此期间有幸结识了《悲情国宝——白鱀豚生死全记录》的作者于江老师，他对长江豚类的一往情深令我鼓舞。随着绘本逐渐成形，第一版排版完成，感谢 IFAW（国际爱护动物基金会）的伙伴们，他们是绘本的第一批读者，并向我提出了很多动物行为方面的意见。到了找出版社的环节，感谢魏珊向我推荐了微信群"人类世动物爱好者互助会"，在这里我结识了王宇飞，她向我推荐了现在合作的出版社。最后到了出版前的审校环节，感谢王克雄老师参与审校白鱀豚分册，他正是书中主角淇淇的饲养员。也感谢解焱女士参与袋狼分册的审校，多年来她一直致力于东北虎的保护，我也曾受她的鼓舞去珲春虎豹国家公园参与志愿活动，所以当第一次得知她能来参与审校时倍感荣幸。

　　最后感谢父母把我带到这个美妙的世间，含辛茹苦养我成人，支持我走上艺术创作这条路。感谢卞其凰，不仅参与了封面的设计，几年来也在各个方面一直默默支持我，真心陪伴我左右，并向我分享看待人生、看待世界新的眼光，没有她也就没有今天的我。

这本书属于

一个名字

代表一段历史

"淇淇"
是已知最后一头 白鱀豚 的名字

人们用《诗经》中一条美丽的河
——"淇水"
来为它命名
这是一个关于
淇淇 和它 生存 的 这片土地 的故事

图书在版编目（CIP）数据

最后一头白鱀豚淇淇 / 任文煜编绘. —北京：中国
环境出版集团，2025.1
（勿忘我）
ISBN 978-7-5111-5391-3

Ⅰ.①最… Ⅱ.①任… Ⅲ.①白鳍豚—普及读物
Ⅳ.①G959.841-49

中国版本图书馆 CIP 数据核字（2022）第 244159 号

审图号：GS 京（2024）0587 号

出 版 人 武德凯
责任编辑 田 怡
装帧设计 任文煜

出版发行 中国环境出版集团
（100062 北京市东城区广渠门内大街 16 号）
网　　址：http://www.cesp.com.cn
电子邮箱：bjgl@cesp.com.cn
联系电话：010-67112765（编辑管理部）
　　　　　010-67175507（第六分社）
发行热线：010-67125803，010-67113405（传真）
印　　刷 玖龙（天津）印刷有限公司
经　　销 各地新华书店
版　　次 2025 年 1 月第 1 版
印　　次 2025 年 1 月第 1 次印刷
开　　本 889×1194　1/12
印　　张 5
字　　数 95 千字
定　　价 238.00 元（全四册）

中国环境出版集团郑重承诺：
中国环境出版集团合作的印刷单位、材料单位均具有中国环境标志产品认证。

白鱀豚 〈卷 一〉

勿忘我

最后一头白鱀豚
淇淇

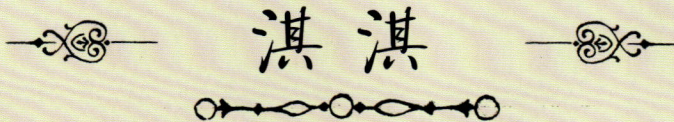

目　录

写在前面

　　有这么一群动物个体，它们是它们家族中的最后一员，儿时在野外出生，青年时目睹同类被猎杀殆尽，中年时被抓进动物园，老年时被世人知晓并珍惜。人们奋力保护，为它起名，为它寻找配偶，为它配置高端的福利设施，但这只动物还是死了，同时也意味着这个物种的灭绝。

　　它们的命运坎坷又鲜为人知，而且这样的动物不在少数，于是我想为这群特殊的群体写书立传。随着我查阅的资料越来越多，知道的细节也越来越多，比如它们出生在何时何地，何时被谁捕获，被安置在哪家动物园，哪个展区，展区的布局什么样，饲养员和它的关系如何……发现自己也欣喜于将这些零星的历史细节拼凑的渐渐立体，仿佛进入了那段历史。

　　您可以把这套书当成绘本、科普读物或是回忆录。我希望能带您进入这段历史，窥探它们的生活。通过了解这些灭绝的动物，记住失去的，珍惜还有的。

白鱀豚 淇淇 Qiqi

白鱀豚的形态与分布

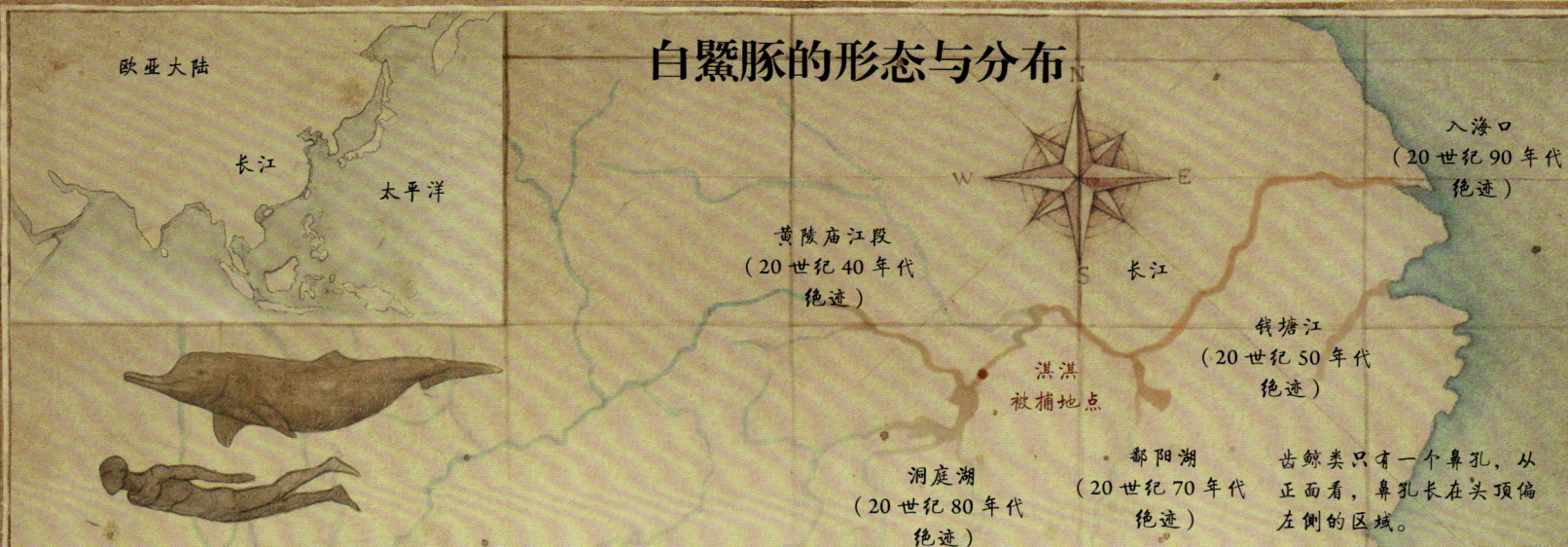

欧亚大陆

长江

太平洋

入海口
（20世纪90年代
绝迹）

黄陵庙江段
（20世纪40年代
绝迹）

长江

钱塘江
（20世纪50年代
绝迹）

淇淇
被捕地点

洞庭湖
（20世纪80年代
绝迹）

鄱阳湖
（20世纪70年代
绝迹）

齿鲸类只有一个鼻孔，从
正面看，鼻孔长在头顶偏
左侧的区域。

　　雌性比雄性大，一般体长2~2.5米，体重100~200千克。最大记录体长超过3米，重454千克。

　　白鱀豚分布于长江中下游、钱塘江，在汛期会深入鄱阳湖和洞庭湖。其祖先来源于2000万年前的太平洋。与我们熟知的海豚相比，白鱀豚身体较短胖。由于江水能见度低，其视力退化，靠发达的回声定位系统捕食和交流。

　　白鱀豚以家庭为单位过着群居生活，成员之间极重情义。豚群少则2~3头，多则16~17头。每年4~6月和秋季为发情期，每胎产1子，偶有产2子的记录，幼豚由父母共同照顾。

豚身整体颜色柔和，由背部的青灰色逐渐过渡到腹部的白色，颈部和尾部有较明显的斑纹。

第一章

荆有云梦，犀兕麋鹿满之

江汉之鱼鳖鼋鼍为天下富

——《墨子·公输》

来自雪山的馈赠

史前的华夏大地，长江之水从青藏高原奔流到广袤的平原，最终流入大海。无数的生命依靠这条大河出生、成长、繁衍、死亡，完成生命的旅途。这条大河就如同一条生命之河。

斑鳖

亚洲象

扬子鳄

雪豹

印度洋板块

欧亚大陆

长臂猿

长江的历史

　　2.5 亿年前，今天的长江流域淹没在特提斯洋（即古地中海）之下。1.8 亿年前印支运动开始，古地中海后退，长江中下游南部露出海面，呈现出东高西低的地势，长江的前身古金沙江和古川江在此流淌。到了 1.4 亿年前燕山运动，青藏高原缓缓抬升，大别山和巫山也开始隆起。4000 万年前，印度洋板块向北漂移与亚欧大陆相撞，青藏高原和云贵高原继续抬升，古地中海消失。直到 300 万年前，长江终于形成今日的模样。长江是中国第一大河，从上游到入海口孕育了无数生命。

中华鲟

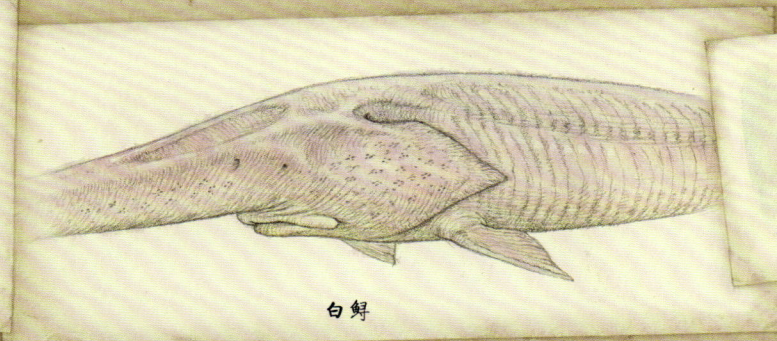

白鲟

江豚

有龙则灵

中国人的祖先最早在黄河流域繁衍生息，后扩散到长江流域。中国人崇拜一种传说中的动物——龙。据说这种动物力量强大，身披鳞甲，生活在水中。

长江、黄河与古中华文明

长江，古称"江"，如同"河"指代黄河。中国自古以来就是多地区、多民族组成的国家，长江、黄河对此情况的形成功不可没。在两河的沿岸均发现了早期人类活动的遗迹。随着中华文明步入农业时代，长江、黄河也成为两个农业起源中心。黄河流域以旱地农作物为主，人们在这里培育出了两种小米：黍和粟。在更温暖湿润的长江流域则培育出水稻，两地的农业在生产上形成互补，当任何一方歉收，另一方都可提供支援，使得中华民族具有强大的生命力。

时至今日，两河的中下游依然是中国的经济发达的地区，可以说，长江、黄河都是中华民族的母亲河。

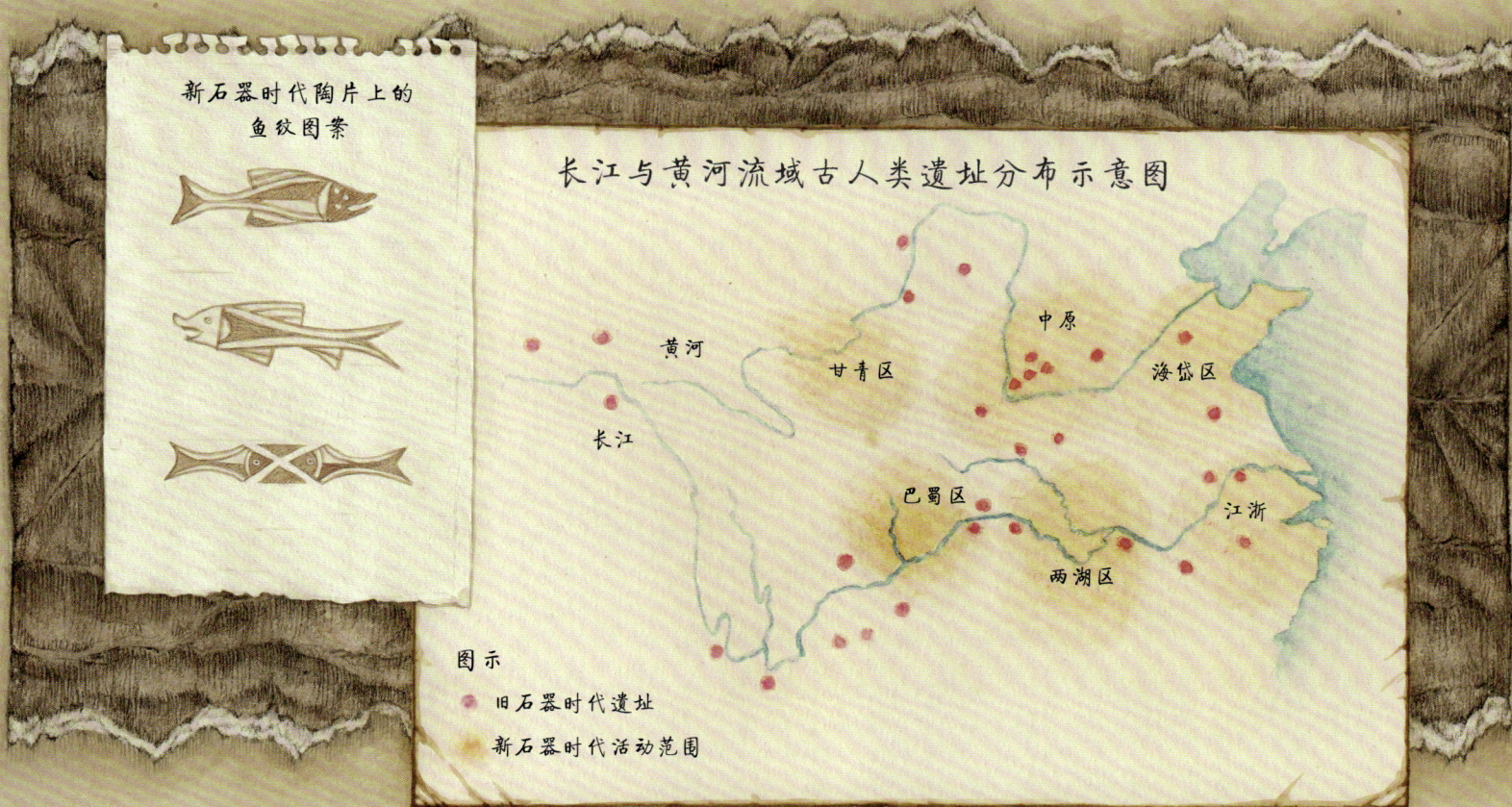

新石器时代陶片上的
鱼纹图案

长江与黄河流域古人类遗址分布示意图

黄河

长江

甘青区

中原

海岱区

巴蜀区

江浙

两湖区

图示
● 旧石器时代遗址
新石器时代活动范围

"龙"的世界

　　而那时的长江，真的可以说是"龙"的世界，这里生活着各种身披鳞甲的巨怪，古老又强壮。有的物种甚至比长江本身还要古老。

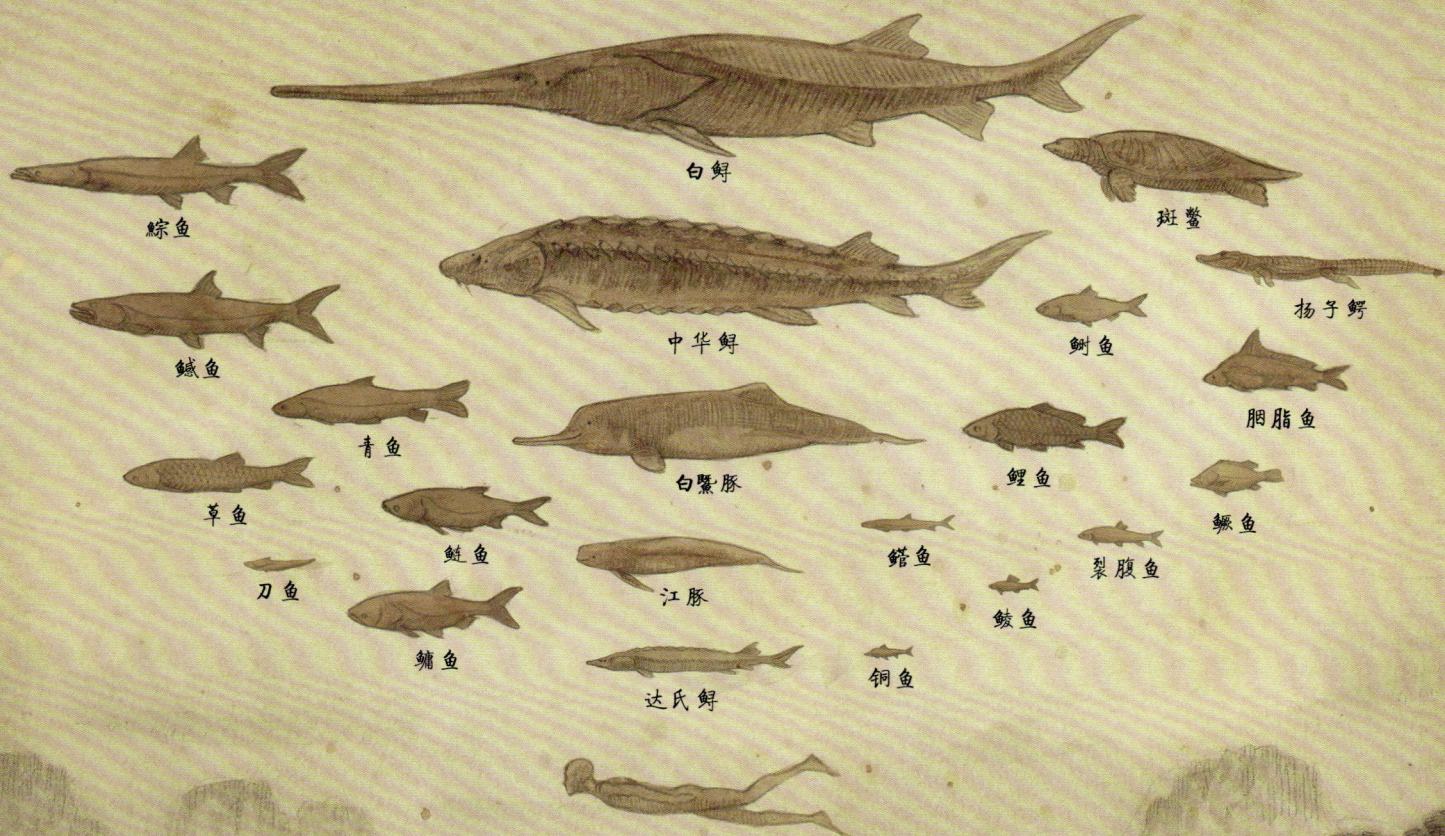

白鲟

鳤鱼

斑鳖

鯮鱼

中华鲟

鳡鱼

扬子鲟

青鱼

鲥鱼

胭脂鱼

草鱼

白鱀豚

鲤鱼

鳜鱼

刀鱼

鲢鱼

鮊鱼

裂腹鱼

鳤鱼

江豚

鲮鱼

鳤鱼

铜鱼

达氏鲟

长江水生生物概述

　　长江的生物多样性极为丰富，有超过 4300 种水生动物，包括 430 种鱼类，其中 170 种为长江独有。一些物种比长江本身还要古老，如 1.4 亿年前恐龙时代就出现的中华鲟。这里也是白鱀豚和江豚这两种豚类的家园，长江是世界上唯一同时拥有鲟鱼和豚类的河流。

拜风

在长江中，还生活着一黑一白两种豚，沿江生活和捕鱼的人发现，每逢暴雨将至，两种豚会频繁出水换气，渔民把这种行为叫"拜风"，相信它们有呼风唤雨的能力。

白鱀豚的进化

　　长江是白鱀豚和江豚这两种豚类的家园，虽然活动空间重合，但两种豚类亲缘关系较远。江豚是一种鼠海豚，于一万年前的冰河期末期由大海进入长江，而白鱀豚则在长江已有上千万年的历史，并演化出了长吻、小眼等高度适应淡水环境的特征。两种豚类相处融洽，直到 20 世纪 90 年代，人们依然可以在野外观察到两种豚类在一起嬉戏。

　　江面上的天气瞬息万变，对于古代渔民而言，天气影响收成甚至关乎性命。长江中的两种豚在下雨前会频繁出水换气，因此渔民认为它们有呼风唤雨的能力，便产生了"江豚拜风"一说。若渔民看到它们频繁出水换气，便迅速收网靠岸，待大雨过后再继续活动。捕到白鱀豚或江豚也被认为是不吉利的。江苏武进一代的渔民称白鱀豚为"白仙姑"，每次捕鱼前会燃放鞭炮，烧香磕头，祈求"白仙姑"保佑。

与白鱀豚不同，江豚依然有良好的视力，会将头露出水面观察周遭环境，有时还会做出喷水的行为。

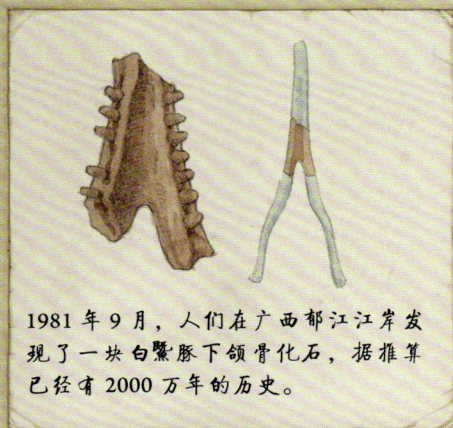

1981 年 9 月，人们在广西郁江江岸发现了一块白鱀豚下颌骨化石，据推算已经有 2000 万年的历史。

齿鲸亚目
(Odontoceti)

鲨齿豚
(Squalodon)

亚马逊河豚科
(Iniidae)

白鱀豚科
(Lipotidae)

拉河豚科
(pontoporiidae)

河豚科
(Platanistidae)

亚马逊河豚
(Inia)

白鱀豚
(ILipotes)

拉河豚
(Pontoporia)

恒河豚
(Plantanista gangetica gangetica)

印河豚
(Platanista gangetica minor)

淡水豚的进化

世界上的淡水豚可分 4 科，其中除了恒河豚和印河豚属于南亚河豚种下的两个亚种外，其余三种淡水豚均独立成科。中新世时期，海平面较现在更高。古海豚的生存区域扩展到到大陆架浅海区域。到了第四季，海平面下降，加之季风所形成的大面积河流，古海豚便迁至内陆，进化成淡水豚。较之现代的海豚，淡水豚依然保持了古海豚脑容量低、颈椎尚未愈合的原始特征，也进化出了长吻、眼小等适应江中环境的外形。

长江女神

据长江两岸的百姓相传：一位美丽的少女投河自尽，化作美丽的白豚，追寻她的男人也投入江中，化作
黑豚追随其后，这就是白鱀豚和江豚的来历。白鱀豚"长江女神"的形象由此而来。

"长江女神" 的由来

　　在中国文化里，白色的动物还被视为通灵祥瑞之物，动物活到一定年龄会修炼成白色，如白鹤、白鹿、白狐、白象。白鱀豚也因通体接近白色被视为是一种比江豚更神奇的动物。同时一些古人认为白鱀豚和江豚是一个物种的雌雄两态，虽然这种看法并不科学，但却为这一黑一白两种豚之间增加了一些爱情色彩。

江苏、安徽一带的传说

　　曾有一对男女乘船摇至江心，男人欲对女人强行无礼，女人不从投江自尽，顿时风雨大作，江水波涛汹涌，把男人也打落水中。江面平息，女人化作白鱀豚，淹死的男人化作江豚。

鄱阳湖一带的传说

　　曾有一对穷苦的父女不幸失散，多年后父亲无意间又遇到女儿。此时女儿已经沦为风尘女子，她投河自尽化作白鱀豚。父亲得知后亦投河自尽，化作江豚。

白秋练

　　清代小说家蒲松龄创作了一系列神鬼小说，其中《白秋练》讲述的是洞庭湖中白鱀豚幻化成人形，与人类男子之间的爱情故事，带有几分西方美人鱼的色彩，成为中国脍炙人口的白鱀豚传说。

第 二 章

取之有度，用之有节，
则常足
取之无度，用之不节，
则常不足

——《资治通鉴》

淇淇

时间来到 20 世纪 70 年代末，由于人类活动频繁，白鱀豚的数量已经开始减少了。但此时在野外依然可以见到它们成群活动。1978 年春季，一头小公豚出生了，这头小豚自己都不知道，它将成为人类认识白鱀豚这个古老物种的桥梁，也将是最后一头已知的白鱀豚——淇淇。

对白鱀豚的早期研究

中国古代有关白鱀豚的文献零星散布于多部典籍当中，对其形态、分布、药用价值均有介绍，但并未进行系统性的研究。

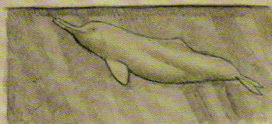

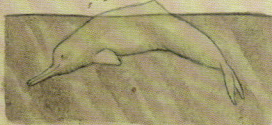

白鱀豚出水换气示意图

目前已知对白鱀豚最早的文献记载出自成书于周秦之间的《尔雅》，这是中国最早的词典和百科全书，白鱀豚被称为"鱀"。春秋时期，学者郭璞历时 18 年对《尔雅》重新研究和注释，对白鱀豚做进一步补充：

大腹，喙小，锐而长，齿罗生，上下相衔，鼻在额上，能作声，少肉多膏，胎生，健啖细鱼，大者长丈余，江中多有之。

在李时珍所著的《本草纲目》中，白鱀豚被称为"海豚鱼"，有药用价值。1958—1960 年，白鱀豚和江豚也因此被鼓励捕杀，每公斤收购价为 0.05~0.1 元。对其药效的描述在 1996 年的《中国动物药志》中依然可见。

肉（主治）飞尸、蛊虫、瘴疟、作脯食之。
肪（主治）摩恶疮、疥癣、痔

——《本草拾遗》

即将消逝的奇观

　　这一年的夏秋时节，淇淇见到了长江中最壮观的景象——中华鲟洄游。成年的中华鲟从入海口逆流而上，回到上游的金沙江，这是它们千百万年来不变的产卵地。年复一年，周而复始。但就像白鱀豚的命运一样，这番景象在未来几年将会不复存在。

白鱀豚研究小组的成立

由于全世界都对白鱀豚知之甚少，1974 年，世界自然保护联盟（IUCN）濒危物种委员会对白鱀豚的描述为"情况不明"，这不利于对该物种的保护。

中华人民共和国成立前，西方学者便开始通过近代科学的眼光研究白鱀豚，并对其进行了命名。步入 60 年代，许多海外动物学家向我国领导人申请，希望来中国研究白鱀豚。但我国希望立足于本国的科研力量来研究本土物种。于是在 1978 年 10 月，中国科学院武汉水生生物研究所（简称水生所）成立了白鱀豚研究小组，这是人类第一次系统性的研究白鱀豚，前无古人，不免要在摸索中艰难前行。

谁也没想到，白鱀豚消失的速度将快过人们了解它的速度。

陈佩薰（1927—），被任命为白鱀豚研究小组组长时已有 51 岁。在此之前她已在中国鱼类生态学方面有很高的造诣，历经 20 年完成我国第一本鱼类生态学著作《长江鱼类》。

中华鲟洄游

每年夏秋时节，上万条中华鲟从大海逆流而上 3000 多千米，到达长江的上游金沙江。一路上它们粒食不进，这里是中华鲟世世代代的产卵地。

进入 20 世纪 80 年代，水利工程将中华鲟的洄游路线切断。随后几年里，人们监测到的洄游中华鲟逐年减少。有些年一条也没发现。

2009 年，中华鲟被世界自然保护联盟评为"极度濒危"。现在依赖持续的人工野放鱼苗来避免其灭绝。

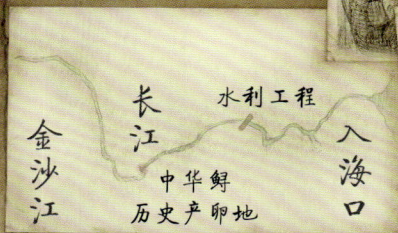

金沙江　长江　水利工程　入海口　中华鲟历史产卵地

城陵矶

　　第二年 1 月，在长江城陵矶江段，淇淇被渔民发现，渔民使用一种叫滚钩的渔具深深嵌入淇淇的后颈，将其拖上船。傍晚，受伤的淇淇被运到水产收购站。次日凌晨，人们又用麻绳绑住淇淇的尾柄拖到岸边，交给的接收它的水生所研究员们。此时正直冬季，河水冰冷，淇淇遍体鳞伤，但最要命的还是颈部由滚钩造成的两处深深的创口。

捕获淇淇

　　水生所的科研人员在开始研究白鱀豚时，得到的都是尸体，于是在各处水产收购站留下联系方式，希望一经发现活的白鱀豚，立即通知水生所。

　　1980 年 1 月 11 日下午，四位渔民在打鱼时发现了淇淇，并使用滚钩将其捕获。当晚 8 点多，白鱀豚研究小组副组长刘仁俊接到水产收购站打来的电话，电话那边称这里有一头活的白鱀豚。激动的刘仁俊果断要下这头白鱀豚，与收购站约好交接地点。此时水生所已经下班，刘仁俊马上借了一辆吉普车，并与几名同事于当晚 9 点出发，于次日凌晨 5 点到达目的地。

陈大华，嘉鱼县渔民，参与捕获淇淇时 18 岁。

"这是保护动物，我们晓得，我们联系了公安部门，把鱼交给他们。"

刘仁俊（1940— ），白鱀豚研究小组副组长，从事长江鱼类、江豚和白鱀豚的生态学研究。

收购站："这里有一头活的白鱀豚，要不要？"
刘仁俊："要！我现在就去取！"

迎接淇淇

水生所的科研人员接到淇淇后立即返回，科研人员准备了特制的担架和木箱来运输淇淇。经过往返 30 个小时的奔波，淇淇终于被带到水生所。

淇淇的运输

　　第二天的凌晨 5 点，刘仁俊一行人到达对接地点。此时天还未亮，大家在一家早餐铺里休息等待。早上 9 点，收购站的人划着小船将淇淇拖过来，要豚心切的刘仁俊跳进冰冷的河水，用特制的担架将淇淇抬上岸，并将其放入有特殊设备的吉普车运回。与此同时，组长陈佩薰也着手为淇淇准备了一个水池。

　　这一天是 1 月 12 日，水生所便把这一天定为淇淇的生日。以后每年的这一天，水生所都会以淇淇为主题举办一些纪念活动。

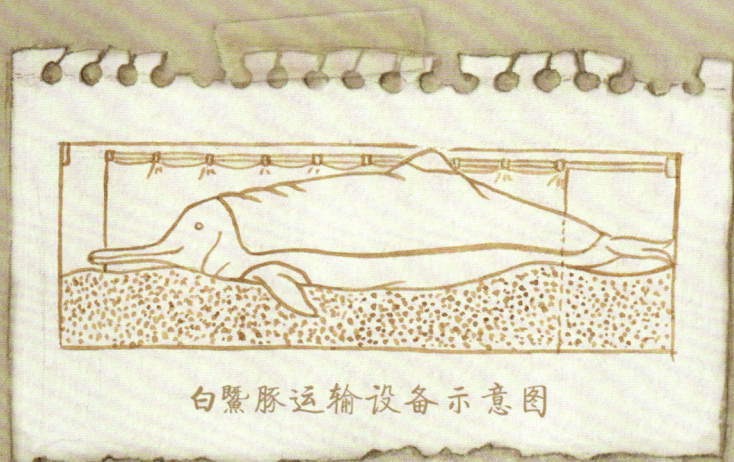

白鱀豚运输设备示意图

　　运输淇淇的设备是特制的，由水生所在早年运输江豚经验总结而制成。淇淇连同的担架被一起放进箱子中，箱子底下铺满棉絮和海绵。科研人员在淇淇皮肤上涂抹润滑油，再用湿布盖上。这种运输设备起到减震、防寒、保湿的作用。

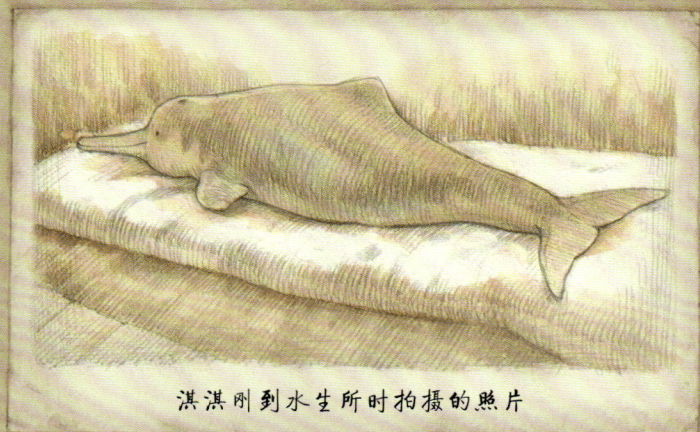

淇淇刚到水生所时拍摄的照片

　　为淇淇取名"淇淇"的名字来源于"淇水"，淇水地处河南，早在先秦时代的《诗经》中被多次提及。

诗经《卫风·竹竿》

　　籊籊竹竿　以钓于淇
　　岂不尔思　远莫致之
　　泉源在左　淇水在右
　　女子有行　远兄弟父母
　　淇水在右　泉源在左
　　巧笑之瑳　佩玉之傩
　　淇水滺滺　桧楫松舟
　　驾言出游　以写我忧

露天水池

　　淇淇在水生所的露天水池住下。这个水池里没有保持水质清洁的水循环系统，因此人们每隔几天会把池里的水抽干，抬出淇淇，再倒上新水。同时为淇淇治伤、体检。渐渐地淇淇也适应了人类的存在，并长到成年，开始出现发情的行为，人们意识到应该给淇淇找个伴了。

最开始的饲养

　　淇淇被捕时约 1 岁半，体长 1.43 米，重 36.5 千克。是一头还不能独立生存的幼年雄性。它的童年是先后在几个简陋的室外水池度过的。最开始被放养在 1 亩大的鱼塘里，与鱼群混养在一起。由于渔民捕捞时用滚钩造成淇淇伤口太大太深，加之露天水池的水质浑浊，伤口开始大面积溃烂，淇淇持续发高烧，身体无法保持平衡，情况危急。饲养人员将它转移到一个小的水泥池中，以便经常能清洁水池。

　　淇淇是水生所好不容易收到的活体白鱀豚，研究人员在欣喜之余却没有任何饲养经验，眼下情况使所有人措手不及。有些人建议将淇淇活体解剖，最终未被采纳。研究人员采用了许多方法予以治疗，半年后，淇淇的伤口康复。

　　随后几年相安无事，1983 年开始，淇淇出现发情行为。1986 年淇淇 8 岁，体型增长趋于停滞，已然是一头发育成熟的雄性。

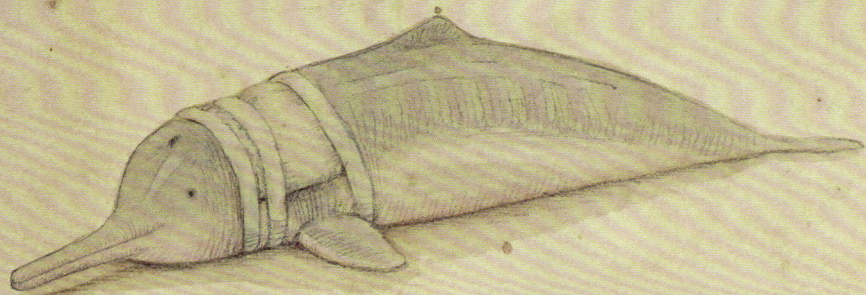

特制的"背心"

　　一开始为淇淇处理伤口时，水生所紧急请来两位北京动物园的兽医，但发现为陆生动物治伤的方法不适合水生动物，药遇水很容易就散开。兽医离开后的半年时间里刘仁俊等人自己想办法，最终为淇淇制作了一个特制的"背心"，将药物固定在创口处。采用这种治疗方法仅几天时间，伤口便开始痊愈。

4 月 10 日上午	4 月 16 日	5 月 30 日	7 月 10 日
创面腐肉大部分脱落	捕起进行第二疗程，见溃烂面坏死组织全部脱落	另一较深的钩伤亦全部愈合	化学性损伤严重区亦全部愈合，至此白鱀豚创伤全部愈合

邻居

　　淇淇并非这里唯一的白鱀豚，曾有一头年龄相仿的雄性豚容容做过它的邻居。容容很瘦，加之水生所没有足够的经费修建室内水池，在一年的冬天被冻死。第二年初春。淇淇又迎来了新邻居，这次是一对患难父女。

捕获联联和珍珍

1986 年 3 月 31 日，水生所动员了 60 多为渔民、20 多条机动渔船甚至 1 架军用直升机来到长江，计划活捉一些白鱀豚个体用来研究和圈养。他们马上就发现了一群白鱀豚。

上午 8 时 30 分，同样是在捕获淇淇的城陵矶江段。人们发现了由 9 头豚组成的白鱀豚群，并将其驱逐分散成两小群，前面一群 4 头、后面一群 5 头。人们选择后者将其往江边驱赶。

5 头豚中有 2 头豚成功逃脱，剩下 3 头豚共同落入陷阱，由于农业部只批准捕 2 头，同时人们更倾向捕获年轻的小豚，便将最大的那头放走，迅速呼叫直升机运走其余两头。

此次成功捕获了一头雄性豚以及一头未成年的雌性豚。雄性豚体长 2.03 米，重 100 千克，起名为"联联"，以纪念这次多部门联合行动的成功；小雌性豚体长 1.5 米，重 57.5 千克，起名为"珍珍"，因为此次捕捉的主要目标是将来可以和淇淇配对的雌性，所以人们很珍惜。

两头白鱀豚被运往水生所，安置在淇淇隔壁的水池中。经过对其行为的观察，发现两豚间关系极亲密，人们认为这可能是一对父女，或至少雄性豚曾参与对雌性豚的哺育。

联联一直对人类抱有戒心，当好奇的珍珍游走稍远时，联联立刻将其唤回；当两豚一同游泳时，联联一直将自己挡在珍珍和池壁之间，保护珍珍远离这些陌生的事物。

一束光

一天，连接两个水池的通道打开，从对面游来一头娇小的雌性豚，叫珍珍。它将成为淇淇一生中最重要的同类。

勇敢的珍珍

被饲养后，联联的身体每况愈下，在生命的最后时刻已经不能保持平衡，吻尖因与墙壁磕碰而摩擦出血。

现在换成珍珍照顾联联，将自己隔在联联与池壁之间防止它撞墙。并经常潜入联联身下，托起联联帮助它出水换气。只要珍珍一离开，联联就会失去平衡，即便珍珍正在进食，也会立即停下来回来救护联联。

在被饲养76天后，联联最终死于高度紧张和绝食引发的器官衰竭，体重比捕捉时减轻了1/3。

珍珍整日在池中悲鸣，它需要一个伴，或许现在是让它与淇淇见面的一个时机。于是这项实验开始了，饲养员打开连接两个水池的通道。白鱀豚有回声定位的能力，两豚都能感到似乎有同类在对面，时常在通道附近窥探。

此时珍珍还处于幼年，淇淇已经成熟，饲养员担心淇淇会以大欺小。不料，野性尚存、好奇心强的珍珍率先游进了淇淇的水池。

王丁（1958— ），物理学专业出身，起初他被陈佩薰招来研究白鱀豚的声呐系统，之后成为白鱀豚研究小组中的重要成员之一。

"这是非常不寻常的，鲸豚类对狭小的通道普遍反应是非常畏惧的，所以对珍珍来讲，第一是很勇敢，第二是很年轻，好奇心也非常强。"

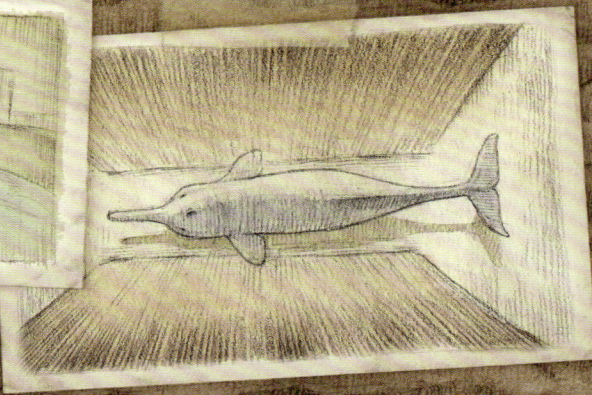

我听到你

　　淇淇和珍珍开始相互了解。白鱀豚的交往，不像人们靠"看"，也不像一些走兽靠"嗅"，而是靠"听"。在不断的互相聆听中，各自的形象在对方的脑中逐渐立体。脑中冥冥之中有了颜色，心中也有了颜色。

白鱀豚的回声定位

长江江水浑浊，可见度仅 10~25 厘米，由此白鱀豚视力退化，靠发达的回声定位捕食和交流。其前额部位有一块特殊的脂肪，叫额隆，这里的脂肪通过对声音进行聚焦，可以发出人耳听不见的超声波，声波遇见物体会反弹，下颌的脂肪将反弹的声波收集起来，再传输给中耳，由此在脑中构建出面前的世界。其他鲸豚类也有回声定位的功能，可以说，鲸鱼个个都是冥想大师。

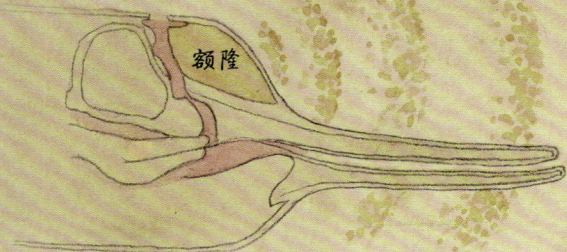

额隆

白鱀豚发出的"哨声"多发生在陌生的两豚之间，类似于人类说的"你是谁？""可以交个朋友吗？"水生所的研究人员将收集水下声音的设备放入两池间的过道，发现随着淇淇和珍珍的不断熟悉，这种"哨声"发出的频率越来越低。

"哨声"单个脉冲（96 μs）

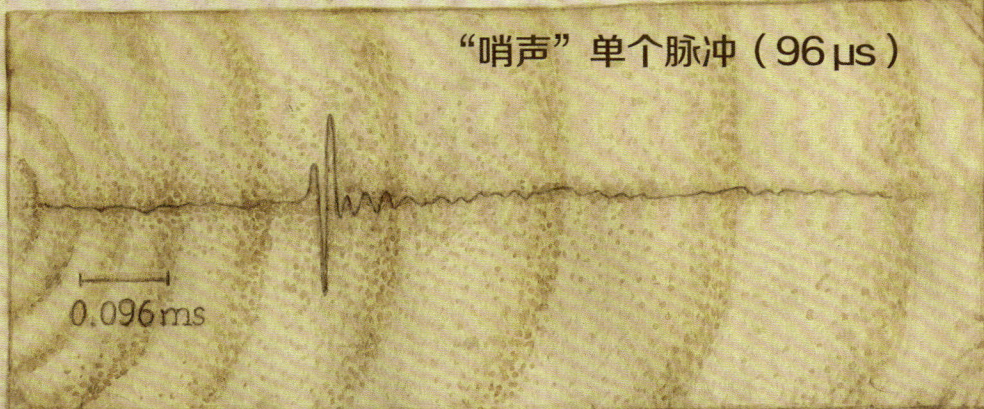

0.096 ms

从陌生到熟悉：

第一天
两豚都有些紧张，各自在池子的一边活动。珍珍率先开始进食。

两天后
淇淇的紧张情绪缓解，也开始进食。

一周后 8 月 15 日
下午突发雷阵雨，雷声轰鸣，受惊的两豚向一起靠拢。从此两豚形影不离。

欣欣向荣

淇淇和珍珍成了好朋友，每天形影不离。这一年淇淇的发情行为也尤为热烈，不过年龄尚小的珍珍并不懂，但这只是个时间问题。一切都向着美好发展，人们满怀期待地等着珍珍长大。

最快乐的时光

淇淇和珍珍相濡以沫，在每天的喂食期间，淇淇颇具风度地先让珍珍吃，自己在远处等待珍珍吃完，再游过来进食。

每年的 4—5 月和 8—9 月是白鱀豚的发情期，期间淇淇展现出比往年更强烈的求偶行为，会从后面或侧后面靠近珍珍，用吻尖或额头碰触珍珍相同的部位，此时珍珍年龄尚小，无法理解，会经常轻咬淇淇，但一会儿两头豚又开始一起嬉戏玩耍。

与此同时，中国人对白鱀豚的研究也在稳步进行，并得到国际上的认可。

1980 年 7 月，陈佩薰带着由 16 毫米胶片拍摄的淇淇视频来到英国，在国际捕鲸委员会第 31 次会议上播放，并被要求连放两遍。在分类上，以周开亚为首的研究人员提议为白鱀豚单独建立"白鱀豚科"。这是现代哺乳动物中，唯一由中国人命名的科，并最终得到世界自然保护联盟的承认。

一切似乎都在向着好的方向发展。

刘仁俊：
后来，慢慢慢慢它们（淇淇和珍珍）熟悉起来了，淇淇从来不欺负珍珍。

董卿：
本来就不应该欺负珍珍，男的怎么能欺负女的呢？

刘仁俊：
怕老婆呗，哈哈～

董卿：
那个时候还不是老婆呢～（全场大笑）

董卿：
后来有配对成功吗？

刘仁俊：
没有……

在电视节目《朗读者》中，主持人董卿与刘仁俊的访谈。

珍珍之死

　　在与淇淇共同度过了 2 年 1 个月后，珍珍意外死亡。淇淇无法接受这个事实，开始绝食，整日在池中徘徊寻找，甚至会把头伸出水面，发出从未有过的凄凉的呼唤声。

失误和遗憾

　　1988 年 9 月 27 日早上 7 点，珍珍死亡。这一切让所有人毫无准备，从发现异常到死亡只用了短短 7 天。科研人员通过对珍珍的解剖发现，除了患有间质性肺炎，它误食了从顶棚掉落的铁锈和碎屑也是致死的原因之一，人们越发意识到饲养条件的恶劣所带来的严重性。1989 年，新的饲养场所——白鱀豚馆开始修建。

　　为了再给淇淇找个伴，水生所的科研人员每年都会在江中寻找白鱀豚。

　　淇淇和珍珍都在长江城陵矶江段被捕获，但随着那几年一系列水利工程的落成，造成适合白鱀豚生活的大回水区及夹堰水区相对萎缩，床底粗化，生境恶化。城陵矶江段已无白鱀豚踪影。

白鱀豚 峡峡

　　1995 年 12 月 19 日，人们捕获一头雌性白鱀豚，取名峡峡，并将其转移到刚成立的白鱀豚保护区中。保护区用渔网围住，计划等时机成熟时再安排它与淇淇见面。半年后山洪暴发，峡峡可能在惊慌逃窜时误触渔网而死。由于天气炎热，尸体被发现时已经高度腐烂，峡峡留给世人的仅有一堆白骨。

最后捕获的白鱀豚

　　1998 年 3 月 28 日，一头老年雌性白鱀豚在上海崇明岛搁浅，虽被当地民工发现，但对其专业的救助在搁浅 12 天后才进行。最终这头白鱀豚死于因饥饿导致的器官衰竭，此时离接纳它的水族馆仅剩 1 小时车程。标本现藏于上海动物园科学教育馆。

白鱀豚馆

1992 年，白鱀豚馆建成。同年淇淇搬了进来，这里也准备用来接纳新捕获的白鱀豚，淇淇和人们一起
~~候着~~。逝者如斯，2000 年后，淇淇开始显出老态，动作迟缓，牙齿磨平，颈部皱纹增多，食量也开始减少。

白鱀豚馆概述

白鱀豚馆在设计之初吸收了世界各地海洋馆的经验。

建馆仅土木建筑费就耗资1060万元，馆内宽敞明亮，可同时容纳4~5条白鱀豚，并安装了先进的水处理系统。这里是集保护、展览、教育于一体的现代化鲸豚馆。

淇淇已在旧水池生活了12年，第一次搬到白鱀豚馆后出现绝食现象，5天后人们无奈又将其搬回老家调养，一个多月后二次搬入白鱀豚馆，之后一直在此生活。

实验楼

繁殖厅：
内设有一个圆形
水池

白鱀豚雕塑

N

主展厅：
内设有主养池、副养池和治疗池。3个水池相互连接，总面积257平方米，其中最大的主养池140平方米，并在地下设有观察窗。

水处理设备

白鱀豚馆示意图

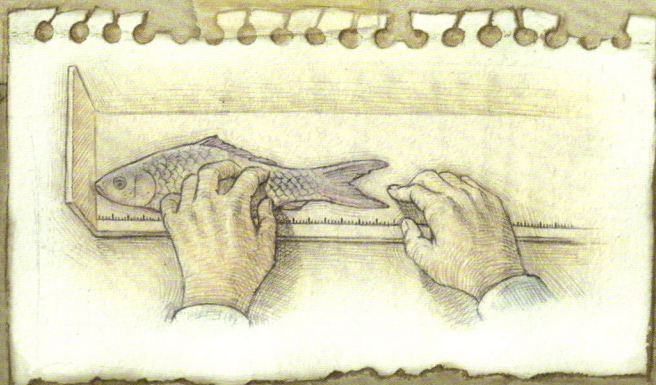

喂食淇淇的鱼会经过仔细地测量

淇淇的饮食

白鱀豚不会咀嚼，会将鱼一口吞掉，鱼的合适大小在100~250克之间。研究人员会喂食淇淇鲢鱼、鳙鱼、鲫鱼和鲤鱼，同时每天会将维生素C、E、复合维生素B等药物塞入鱼肚中喂食，以便增强淇淇体质。淇淇的食量巨大，壮年时期，一天的进食量可达20千克。

寂灭

淇淇是白鱀豚馆第一位，也是唯一一位白鱀豚来客。它一圈一圈、一复一日地在池中徘徊，如此度过了生命中最后 10 年。2002 年 7 月的一天早上，天气闷热，淇淇慢慢沉入水底，再也没起来。

淇淇的最后十年

没有了珍珍的陪伴,淇淇变得更加期待和人接触。每当有人靠近,它都会主动游过来希望一起玩耍。如果没有人,淇淇只好选择水池里漂浮的几个玩具。相比篮球,它更喜欢救生圈,会连续长时间地试图把救生圈压入水下,再看着它浮起,由此打发漫长的时间。

王克雄是淇淇的饲养员,也成了历史上与白鱀豚相处时间最久的人。他和淇淇之间也产生了一种默契:

王克雄(1963—)水生生物研究所研究员

"我们所做的一切,看起来我们是真心对待它,也尽了很大努力,但实际上并不是那种很有效地缓解它的孤独感,甚至可以说一点用处都没有。它最需要的就是一个同伴,或者一个自由生活的空间。"

"他跪在池边,拉过一桶鱼。淇淇看见他,很高兴,加快速度游过来,从水里探出头。岁月的磨蚀,淇淇的牙齿都变得很钝了,咬合的时候动作也不太麻利。王克雄一条条耐心地喂,喂完一条,就轻轻摸摸淇淇美丽的长吻。"

——《北京青年报》2002 年 7 月 19 日
《我曾采访淇淇》

2002 年 7 月 11 日,CCTV 来到武汉水生所拍摄淇淇,不料这一次拍摄记录成为淇淇最后的影像。当拍摄饲养员喂食时,淇淇竟对食物到来毫无察觉,所幸随后两天进食正常。

第三天,7 月 14 日清晨,工作人员最后一次巡视看到淇淇安然无恙,到了 8 时 30 分给琪琪喂早餐的时间,却发现淇淇已经沉入水底,没有了生命体征。

"我久久地沉默在淇淇的身边,

我知道它太老了,也太累了,

勿需用泪水,不要呼唤去惊扰它,

让它安息吧,静静地走吧。

归依它朝思暮想、魂牵梦绕的故乡。"

——陈佩薰《风雨长江五十载》

THE END

淇淇死后

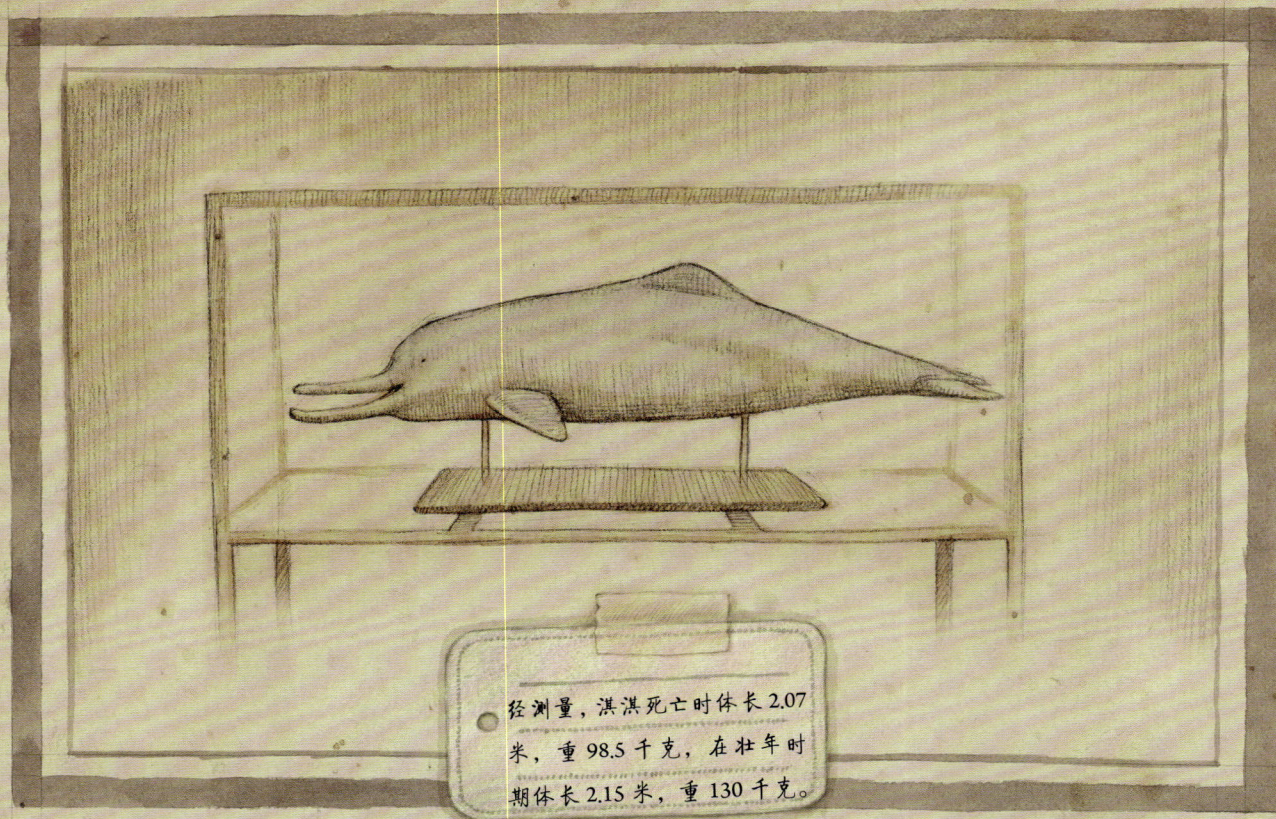

经测量，淇淇死亡时体长2.07米，重98.5千克，在壮年时期体长2.15米，重130千克。

　　淇淇于2002年7月14日早上7时25分死亡，在饲养条件下生活长达22年，时间之久在人工饲养的豚类中已属罕见。当天10时30分，工作人员将淇淇遗体抬出水池，副组长刘仁俊已经退休在家，这天他正在审阅自己的新书《长江女神白鱀豚》。同事打来电话告知淇淇已去世，并希望他前来参与对淇淇遗体进行解剖。解剖发现淇淇所有器官均属正常，胃里还有四条未完全消化的鱼。17日，水生所对外公布尸检结果：淇淇因高寿自然死亡。

　　淇淇的标本收藏于白鱀豚馆的标本馆，与珍珍的标本一墙之隔。与大熊猫金丝猴比起来，同为国宝的白鱀豚在大众认知中是相对陌生的。有人会将它和中华白海豚混淆，是该称为"白鳍豚"还是"白暨豚"抑或"白鱀豚"，至今依然混乱。还有很多人根本不知道这个物种，这是令人遗憾的。

在网上寻找淇淇

如果你在网上搜索白鱀豚照片，看到一头白鱀豚在碧绿的室内水池中，那就是淇淇，它是唯一一头在室内饲养的白鱀豚。此外，它还有这些特点：

颈部到鼻孔之间有两道凹陷的疤痕，是幼年时由滚钩所致。

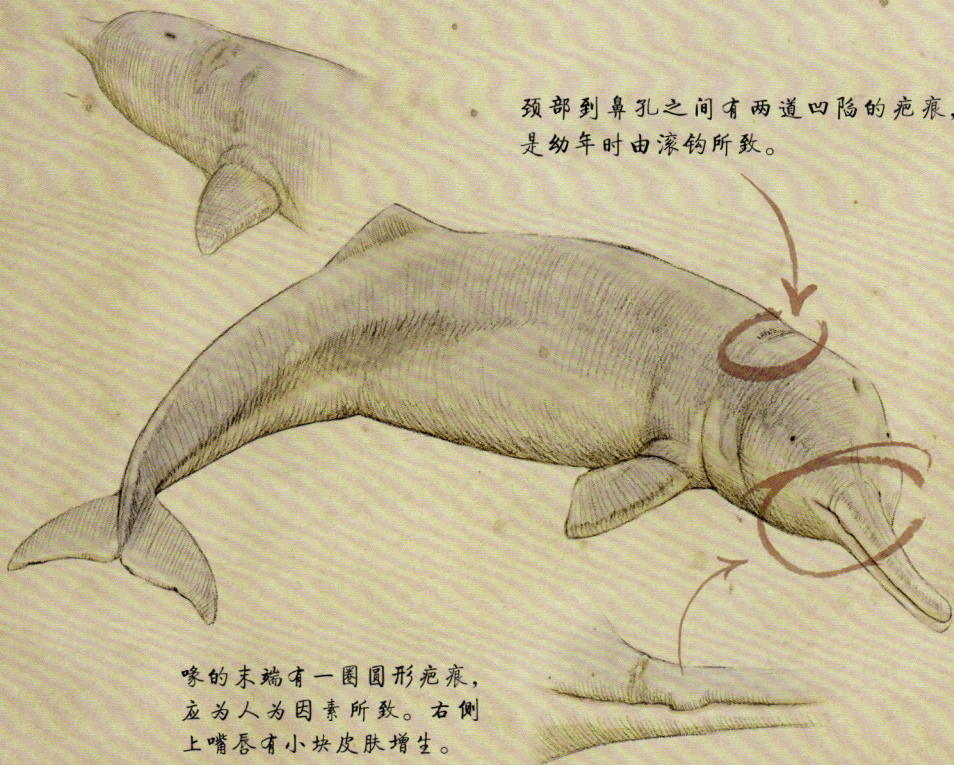

喙的末端有一圈圆形疤痕，应为人为因素所致。右侧上嘴唇有小块皮肤增生。

张先锋（1961—），1983年进入中国科学院水生生物研究所，白鱀豚研究小组主要成员之一。

"这个动物就在我们眼前消失，就在我们眼前一天一天这么减少，我们想为它做点什么，但好像又帮不上忙，没有真正地实质性地能拉它一把。就像一个人落水，你在那看着，但是也没有办法去把他从水里拉起来，而且他还在叫。"

——张先锋

标本馆

淇淇的标本现藏于白鱀豚馆的标本馆中，如今白鱀豚馆将保护重点放在江豚上。在这里成功繁育出了小江豚。

真实照片

淇淇住过的露天水池

勿忘我 名片

姓名：淇淇 Qiqi

性别：雄性

种族：白鱀豚

生卒年：1978 年（野外出生）

　　　　—2002 年 7 月 14 日（自然死亡）

为淇淇治疗伤口

"它孤独了一辈子，这一点让我对不起它，没给它找个伴。"

——刘仁俊

白鱀豚馆室内

被打捞上岸的珍珍遗体

淇淇特写，鼻孔后面的两道疤痕隐约可见

白鱀豚编年史

两晋时期

郭璞（276—324）

重新研究和注解《尔雅》，更生动地介绍了白鱀豚，书中记载白鱀豚的分布状况为"江中多有之"。

清代

蒲松龄（1640—1715）

创作《白秋练》，女主人公是生活在洞庭湖的白鱀豚。

方旭（1857—1921）

著《听钟轩虫荟》，书中记载白鱀豚的分布状况为"江中时有之"。

20 世纪 50 年代

江边各水产收购站鼓励民间捕杀白鱀豚和江豚。

白鱀豚在钱塘江地区局部绝迹。

1978 年 10 月

白鱀豚研究小组成立

次年国务院《水产资源繁殖保护条例》首次提出保护白鱀豚。

此时白鱀豚在洞庭湖和鄱阳湖局部绝迹。

2000 万年前

第三纪，白鱀豚出现于中国长江流域。

公元前 200 年

《尔雅》中提到白鱀豚，命名为"鱀"。

1590 年

李时珍（1518—1593）著《本草纲目》，白鱀豚被收录其中，书中称其为"海豚鱼"。

20 世纪 40 年代年前

白鱀豚在黄陵庙江段局部绝迹。

1914 年 2 月 18 日

美国青年，传教士的儿子霍伊在城陵矶捕获一头白鱀豚，将其命名为"white flag dolphin"，西方人由此认识白鱀豚。

1974 年

世界自然保护联盟濒危物种委员会注明白鱀豚生存状况为"情况不明"。

1980 年 1 月 11 日

"淇淇"被捕获，由水生所认养。

同年，中国正式加入《国际捕鲸规则公约》。

1985 年
水生所提出建立两个白鱀豚自然保护区的报告。

1986 年
世界自然保护联盟濒危物种委员会将白鱀豚列为第二批世界上最濒危的 12 物种之一。

此时据推测白鱀豚约 300 头。

1988 年
《国家重点保护野生动物名录》正式批准公布，其中兽类 42 种，包括白鱀豚。

1988 年
长江干流第一大坝葛洲坝水利枢纽工程完工，长江水位降低，水生生物分布破碎化，阻断中华鲟在内的洄游鱼类种群交流，白鱀豚进一步减少。

1989 年
神谷敏郎教授成立"日本白鱀豚保护协会"，是国外第一个保护白鱀豚的组织。

此时推测白鱀豚不足 200 头。

1992 年 10 月
两个国家级白鱀豚自然保护区正式成立，收留一条白鱀豚"峡峡"，半年后因为营养不良和触网而死。

1994 年 12 月 14 日
三峡大坝动工兴建。白鱀豚分布范围将缩短 200 千米，被迫迁移至交通繁忙的长江下游。

此时推测白鱀豚不到 100 头。

2002 年 7 月 14 日
淇淇因年老自然死亡。次年三峡大坝开始蓄水发电。

1998 年 2 月
一头年老雌性白鱀豚在上海市崇明岛搁浅，因抢救不及时而死，这是人类捕获到的最后一条白鱀豚。

2006 年 11 月 6 日
中、美、英、日、德、瑞士六国联合进行"2006 长江淡水豚考察"，涵盖了白鱀豚整个历史分布范围，分两艘船同时在南岸和北岸搜寻，往返考察距离 3336 千米。未发现一头白鱀豚。

2007 年 8 月 8 日
北京奥运会倒计时一周年，英国《皇家协会生物信笺》期刊发表报告正式宣布白鱀豚功能性灭绝。

沉思

参考资料

书籍：

[1] 叶至善，章道义，张观礼 . 大自然的瑰宝——中国珍贵野生动物 [M]. 湖北：湖北少年儿童出版社，2000: 60-63，248-249，256-265.

[2] 陈佩薰，刘仁俊，王丁，等 . 白鱀豚生物学及饲养与保护 [M]. 北京：科学出版社，1997: 155，163-164，180-181，184-187 .

[3] 陈佩薰 . 风雨长江五十载——陈佩薰与白鱀豚研究 [M]. 北京：海洋出版社，2007: 31，36-37，44，65.

[4] 高宝燕，张先锋，王小强 . 瞬间——用镜头留住长江濒危动物 [M]. 北京：科学出版社，2008.

[5] 刘仁俊 . 长江女神——白暨豚 [M]. 北京：中国农业出版社，2002: 64-69，184.

[6] 于江 . 悲情国宝——白鱀豚生死全记录 [M]. 北京：华龄出版社，2012: 190-196，226-228，335-346，435，521-528.

[7] 欧文公司 . 鲸和海豚 [M]. 徐彬，韩晓译 . 北京：电子工业出版社，2015: 196-203.

[8] 大卫·麦克唐纳 . 世界动物大百科全书 [M]. 程高龄等译 . 黑龙江：黑龙江科学技术出版社，2009: 284-285.

[9] 冨田幸光 . 灭绝的哺乳动物图鉴 [M]. 张颖奇译 . 北京：科学出版社，2013: 141.

[10] 拉德克·马利 . 消失的动物 [M]. 傅临春译 . 长沙：湖南科学技术出版社，2020:50-53.

[11] 廖群 . "神美"隐现 [M]. 上海：上海古籍出版社，2017: 37-40.

[12] 诸川汇 . 安迪历险记——寻找长江女神 [M]. 北京：人民文学出版社，2019: 58-67.

[13] 蒲松龄 毛水仙 . 白秋练 [M]. 北京：清华大学出版社，2017.

[14] Wang Fengjuan.Saving a Species[J]. 中国东盟报道，2020/08: 43.

电视节目：

[1] CCTV. 纪事：淇淇，2002.

[2] CCTV. 大家：最后的孤独，2013.

[3] CCTV. 中国故事：陈佩薰，2018.

[4] CCTV. 朗读者：等待，2018.

[5] CCTV. 开讲啦：刘仁俊，2020.

[6] CCTV. 开讲啦：危起伟，2021.

[7] Discovery.Racing Extinction，2015.

淇淇生前玩过的皮球

感　谢

　　这套绘本的前身可追溯到 2018 年我在公众号上发布的同名系列文章，感谢崔戴琪、张雨萌、金璇对于公众号的支持。感谢学长徐业博、刘滨鼓励我把这些文章扩充成绘本，朱婧琪、李孟推荐并提供了很多专业画材，绘本画师刘晓俏也向我介绍了创作过程。感谢摩点众筹的马麟老师，从绘本创作初期便开始关注，提出了很多推广上的意见。

　　正式创作时需要查阅大量资料，在此期间有幸结识了《悲情国宝——白鱀豚生死全记录》的作者于江老师，他对长江豚类的一往情深令我鼓舞。随着绘本逐渐成形，第一版排版完成，感谢 IFAW（国际爱护动物基金会）的伙伴们，他们是绘本的第一批读者，并向我提出了很多动物行为方面的意见。到了找出版社的环节，感谢魏珊向我推荐了微信群"人类世动物爱好者互助会"，在这里我结识了王宇飞，她向我推荐了现在合作的出版社。最后到了出版前的审校环节，感谢王克雄老师参与审校白鱀豚分册，他正是书中主角淇淇的饲养员。也感谢解焱女士参与袋狼分册的审校，多年来她一直致力于东北虎的保护，我也曾受她的鼓舞去珲春虎豹国家公园参与志愿活动，所以当第一次得知她能来参与审校时倍感荣幸。

　　最后感谢父母把我带到这个美妙的世间，含辛茹苦养我成人，支持我走上艺术创作这条路。感谢卞其凰，不仅参与了封面的设计，几年来也在各个方面一直默默支持我，真心陪伴我左右，并向我分享看待人生、看待世界新的眼光，没有她也就没有今天的我。

这本书属于

一个名字
代表一段历史

"本杰明"

　　是最后一只袋狼的名字

　　我们如今已无法考证

　　它是什么时候有这个名字的

　　一位自称饲养员的人声称这是他起的

　　却并未得到动物园方面的认同

　　但本杰明这个名字

　　已成为这个物种的一部分

　　这是一个关于

　　本杰明和它生存的这片土地的故事

图书在版编目（CIP）数据

最后一只袋狼本杰明/任文煜编绘.—北京：中国
环境出版集团，2025.1
（勿忘我）
ISBN 978-7-5111-5391-3

Ⅰ.①最… Ⅱ.①任… Ⅲ.①鼬科—普及读物 Ⅳ.
①G624.63

中国版本图书馆CIP数据核字(2022)第244015号

审图号：GS京（2024）0587号

出 版 人 武德凯
责任编辑 田 怡
装帧设计 任文煜

出版发行 中国环境出版集团
（100062 北京市东城区广渠门内大街16号）
网 址：http://www.cesp.com.cn
电子邮箱：bjgl@cesp.com.cn
联系电话：010-67112765（编辑管理部）
010-67175507（第六分社）
发行热线：010-67125803，010-67113405（传真）
印 刷 玖龙（天津）印刷有限公司
经 销 各地新华书店
版 次 2025年1月第1版
印 次 2025年1月第1次印刷
开 本 889×1194 1/12
印 张 5
字 数 95千字
定 价 238.00元（全四册）

中国环境出版集团郑重承诺：
中国环境出版集团合作的印刷单位、材料单位均具有中国环境标志产品认证。

勿 忘 我

最后一只袋狼

本 杰 明

袋狼 本杰明 Benjamin

（ 1930 ?—1936 . 9 . 7 ）

勿 忘 我

最后一只袋狼

本杰明

目 录

写在前面

　　有这么一群动物个体，它们是它们家族中的最后一员，儿时在野外出生，青年时目睹同类被猎杀殆尽，中年时被抓进动物园，老年时被世人知晓并珍惜。人们奋力保护，为它起名，为它寻找配偶，为它配置高端的福利设施，但这只动物还是死了，同时也意味着这个物种的灭绝。

　　它们的命运坎坷又鲜为人知，而且这样的动物不在少数，于是我想为这群特殊的群体写书立传。随着我查阅的资料越来越多，知道的细节也越来越多，比如它们出生在何时何地，何时被谁捕获，被安置在哪家动物园，哪个展区，展区的布局什么样，饲养员和它的关系如何……发现自己也欣喜于将这些零星的历史细节拼凑的渐渐立体，仿佛进入了那段历史。

　　您可以把这套书当成绘本、科普读物或是回忆录。我希望能带您进入这段历史，窥探它们的生活。通过了解这些灭绝的动物，记住失去的，珍惜还有的。

袋狼 本杰明 Benjamin

袋狼的形态与分布

澳洲

塔斯马尼亚岛

袋狼是最后一种大型食肉有袋动物，体长 108~130 厘米，尾长 53~65 厘米，体重 15~35 千克。雄性略大于雌性。

袋狼又称塔斯马尼亚虎。历史上分布于澳洲大陆、新几内亚和塔斯马尼亚岛。普遍认为在西方学者对其进行研究时，袋狼仅分布于最后一处。

塔斯马尼亚岛呈心形，面积约 7 万平方千米，中部高原，分布有 4000 多个湖泊，冬季会降雪。岛屿大部分被森林覆盖，并依然保留着冈瓦纳古陆残存的植物，令人回想起恐龙时代。独特的地理风貌使它被列入《世界遗产名录》。袋狼几乎遍布全岛，数量约 5000 只。不同区域的袋狼略有差异，比如在森林中的种群拥有更深的毛色，在寒冷地区的种群有更大的体型。

袋狼身体僵硬纤瘦，头大，眼距会随年龄增长加宽，眼珠很大、呈深褐色。毛发手感粗糙，颈部鬃毛和尾部末端的毛发较长，脚趾末端的毛会盖住爪子。

袋狼脊柱僵硬，无法快速奔跑，它们有时会像袋鼠那样用后腿站立，甚至会跳跃几步。

第一章

巨石乌卢鲁 Uluru

在澳洲原住民语中是"会面的地方"

相传万物的旅途最终会在此相会

大蛇 Dhakhan 创造了世界之后

便隐居在这里的洞穴之中

梦幻时代

最初，世间一片虚无。一条叫 Dhakhan 的大蛇划破黑暗，化作一道瑰丽的彩虹，世间由此诞生了第一批"生物"，这就是澳洲一些原住民*部落的创世神话。后来所有的生命，都是由第一批"生物"繁衍而来。这些"生物"四处走动，走了很长时间，走了很多地方，由此构建了这个世界的雏形，所有生命都是"梦幻时代"的一部分，所有生命都是一体的。

澳洲动物和人类的漂泊之旅

澳洲是唯一以有袋动物为主导的大陆。有袋动物的出现可追溯至白垩纪的北美，那时世界依然由恐龙统治。到了 5000 多万年前的始新世，地球已从恐龙灭绝的生态灾难中恢复。一群有袋动物从北美出发，经由南极洲进入澳洲，它们就是现代澳洲有袋类动物的祖先。4500 万年前，澳洲与南极洲分离向北漂移，成为一块四面环海的孤岛，有袋动物在这片封闭的环境中独立进化。

向北漂移也导致大陆的气候变干，在这种压力迫使下，澳洲有袋动物迅速多样化，进化出许多不同形态、适应不同生态位的物种。这种强大的适应力，使得在后期有胎盘哺乳动物强势入侵澳洲时，有袋类依然是澳洲大陆物种的主角，如今也是。

原住民的创世神话

澳大利亚昆士兰州的 Kabikabi 人的创世神话也在讲述一段漫长的路途：祖先们从虚无中诞生，四处走动，化作鸟兽山石，将地球创造完整。因此原住民眼中的土地是活的，和人一样有知觉和情绪。

巨石乌卢鲁是这片土地的中心，万物的旅途都会在这里相会。原住民认为创世之初的那些伟大灵魂是永存的，并可以通过绘画、讲故事、唱歌、跳舞等形式将自己同伟大的灵魂连接起来。

树皮画

屠龙者的到来

后来，智人迁徙至此。

人类发现这是一片光怪陆离的大陆，位于食物链顶端的竟是一种蜥蜴——古巨蜥。古巨蜥没有天敌，但人类到达后就不一样了。

智人来到澳洲

长久以来，除了蝙蝠可以跨海飞行至澳洲，再无其他有胎盘哺乳动物进入此地。约 6 万年前，智人从亚洲乘着竹筏漂流到澳洲大陆的西北部。在之后的 1000~3000 年，大陆的每一个角落可能都已被智人踏足。智人的一些行为，如过度的捕猎和放火焚烧野草，改变了这里的自然生态，致使多种大型动物灭绝。

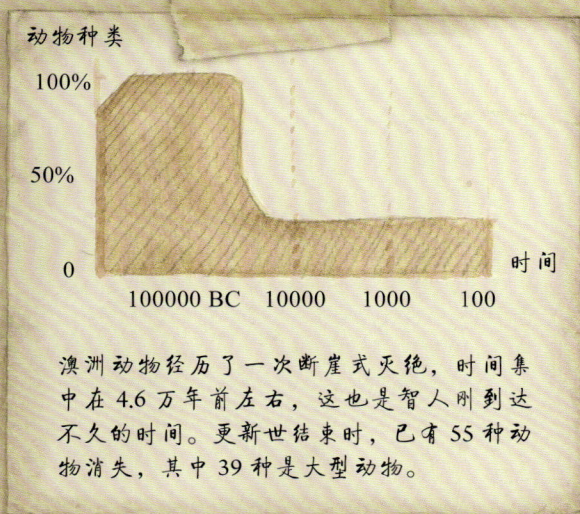

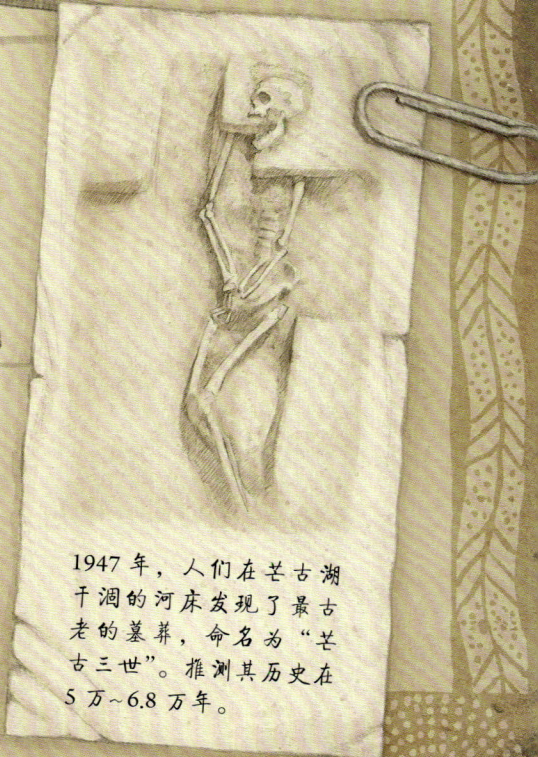

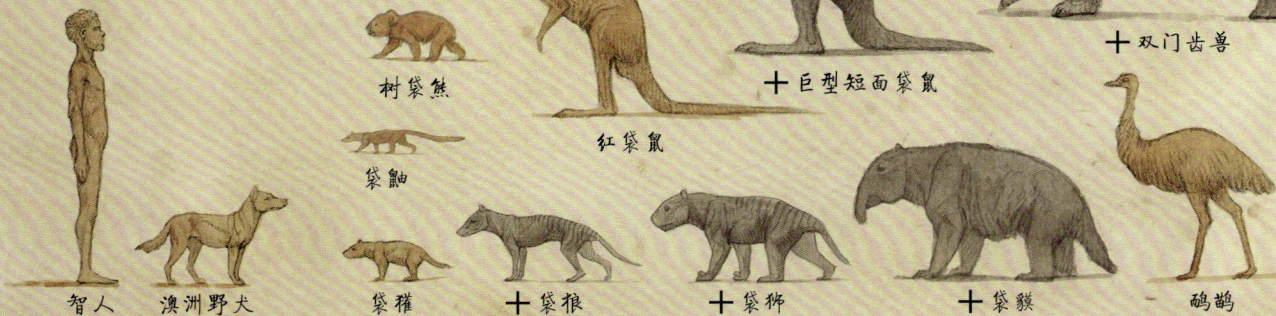

动物种类

100%
50%
0
100000 BC 10000 1000 100
时间

澳洲动物经历了一次断崖式灭绝，时间集中在 4.6 万年前左右，这也是智人刚到达不久的时间。更新世结束时，已有 55 种动物消失，其中 39 种是大型动物。

眼斑巨蜥

十 金卡纳鳄

十 牛顿巨鸟

十 古巨蜥

十 双门齿兽

树袋熊

袋鼬

十 巨型短面袋鼠

红袋鼠

智人   澳洲野犬

袋獾

十 袋狼

十 袋狮

十 袋貘

鸸鹋

1947 年，人们在芒古湖干涸的河床发现了最古老的墓葬，命名为"芒古三世"。推测其历史在 5 万~6.8 万年。

最后的野兽之王

自6万年前智人到来后，这片大陆的格局被智人改变了。古巨蜥和其他巨兽纷纷倒下，袋狼成了这片大陆最后的大型食肉有袋动物，见证着这里曾经的富饶。

哺乳动物
（Mammalia）

后兽亚纲　　　　　真兽亚纲
（Metatheria）　　（Eutheria）

美洲有袋类　　　　　澳洲有袋类
（Ameridelphia）　　（Australidelphia）

袋狸目　　　　　　　　　　　袋鼹目　　　　　　双门齿目
（Peramelemorphia）　　（Notoryctemorphia）　　（Dtodontia）

袋鼬目
（Dasyuromorphia）

袋狼科
（Thylacinidae）

袋鼬科
（Dasyuridae）

袋食蚁兽科
（Myrmecobiidae）

袋食蚁兽　　　　　　袋狼　　　　　　袋獾　　　　　　袋鼬
（Myrmecobius）　　（Thylacinus）　　（Sarcophilus）　　（Dasyurus）

袋狼的进化

随着分子生物学的发展，许多动物的分类被重新修订。有新的观点将有袋类视作与有胎盘类哺乳动物平行的大类群，而非作为一个目。

袋狼属于有袋类中的袋鼬目。袋鼬目均为食肉性动物，它们的身体结构相似，包括狭长的吻部、锋利的切齿、跖行的脚掌和没有抓握能力的毛茸茸的尾巴。

袋狼科包含至少 6 个属 8 个种，是袋鼬目中体型最大的，袋狼的出现可追溯至 400 万年前。

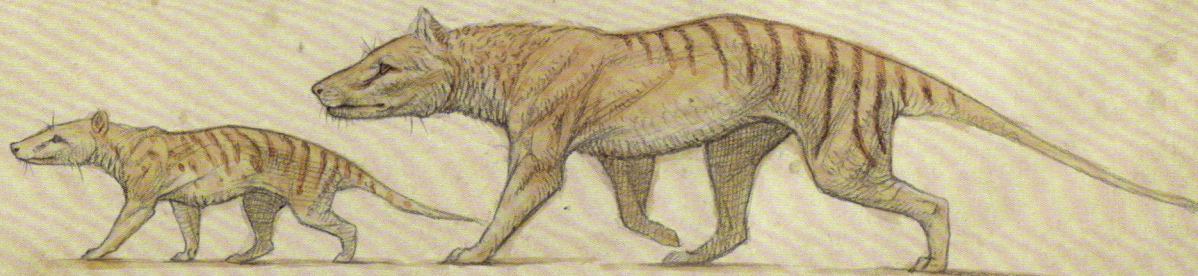

迪氏袋狐（Nimbacinus dicksoni）生存于 2200 万年前，是袋狼科的早期成员。肩高 30 厘米，体重 2~5 千克。

迪氏袋狐（左）与袋狼的对比

巴斯海峡

　　到了 1 万年前，最后一次冰河纪结束，海平面上升。巴斯海峡将袋狼的栖息地一分为二。被海峡分割开的两群袋狼也走上了不同的道路。

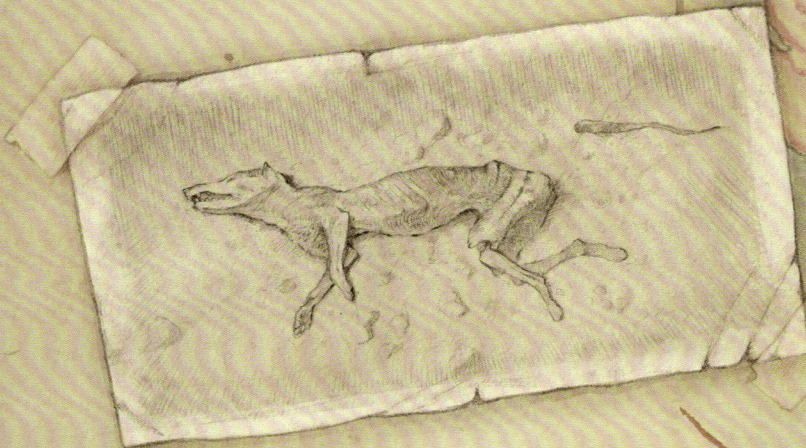

1967年，徒步旅行者在西澳大利亚纽拉伯平原的一处洞穴中发现了袋狼干尸。干尸甚至还保留着舌头和一只眼珠。但关于这只袋狼的死亡时间有争议，从4000年前到几个月不等。

图示

× 化石   🦊 干尸

澳洲大陆的前身

　　7万年前，海平面比今天低68~75米，澳洲大陆、新几内亚、塔斯马尼亚岛连成一体，叫莎湖陆棚。袋狼在这里广泛分布，其化石的出产地包括北部的热带雨林、南部针阔叶混交林和西部的荒漠地带。后来随着海平面上升，陆棚被海峡分割，将袋狼的生存范围分成孤立的三个区域。一万年前，由于气候变化，新几内亚的袋狼最先灭绝。澳洲大陆和塔斯马尼亚岛的袋狼种群一直延续到公元之后。

接替者

5000 年前，位于澳洲大陆的袋狼种群见到了与自己轮廓相近的动物——狗。狗的出现使人类的狩猎更有效率，这对于袋狼和其他野生动物而言是一个新的挑战。

澳洲野犬与袋狼

澳洲野犬最早的化石遗迹可追溯至 3500 年前。它们的形态与南亚的家犬非常接近，通过对其基因的研究也证实了这一点。大约 5000 年前，一批家犬随人类通过水路来到澳洲大陆，现在所有的澳洲野犬的基因都可以追溯至 5000 年前的这一批家犬。

家犬由狼驯化而来，它们在奔跑速度和智力方面都胜于袋狼，成为智人的左膀右臂，使得包括袋狼在内的本土物种应对人类时变得更加困难。

在这里，澳洲野犬从半驯化状态重新变为野生动物，并普遍拒绝再度被人类驯化。

由于在食性上存在竞争关系，袋狼和袋獾受到澳洲野犬的排挤。普遍认为在西方殖民澳洲时，袋狼和袋獾已经在澳洲大陆灭绝。塔斯马尼亚岛成为它们最后的栖息地。

澳洲原住民创造了灿烂的史前艺术，有关袋狼的壁画在多处被发现，记录了袋狼的哺育行为和人类猎杀袋狼的活动。

第二章

时间步入近代，大陆上的袋狼已消失
仅在东南方的一座小岛上还有一群幸存者
这里成为袋狼最后的生存堡垒。

本杰明

　　20 世纪 30 年代初，在澳洲大陆东南方的塔斯马尼亚岛，森林密布，阳光穿过蕨类洒在地上。几只小袋狼在母亲身边嬉戏。小袋狼们已有三个月大，可以蹒跚地走几步，其中一只小袋狼将成为这个物种的最后代表——本杰明。

袋狼的出生和成长

顾名思义，袋狼有个育儿袋。育儿袋位于后腿之间。同其他有袋动物一样，袋狼会产下尚未发育完全的幼崽。幼崽受本能驱使爬进育儿袋，在育儿袋里继续发育三个月后，就可以来到外面活动了。

袋狼的育儿袋向后开口，里面有四个乳头，靠前一对较大，靠后一对较小。有趣的是，雄性也发育有类似育儿袋的结构，可能是用来保护生殖器官。

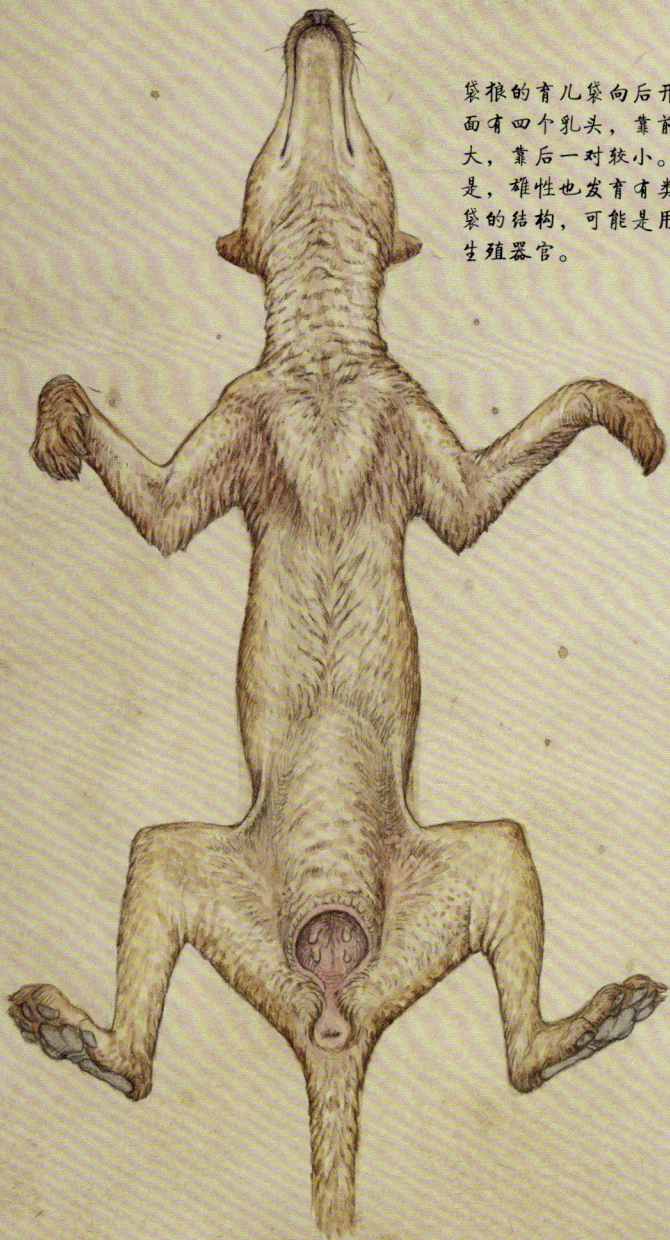

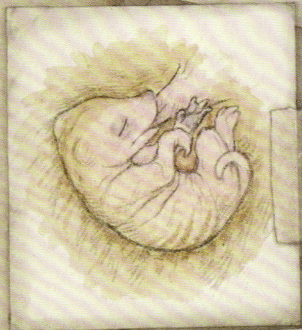

1. 袋狼的新生幼崽身长不足 2 厘米，没有毛发，五官和后肢也尚未成形，但前爪已发育出趾关节，幼崽靠强壮的前肢独自爬进育儿袋寻找乳头。

2. 一旦咬住乳头，幼崽就不会再松口，又袋狼只有四个乳头，所以只有最先爬进育儿袋咬住乳头的四只袋狼会存活。

3. 出生三个月的小袋狼像小狗一样憨态可掬，头和脚显得很大，它们偶尔会爬出育儿袋活动，但到 9 个月大后才会彻底断奶。往后的岁月里它们的体型会继续变大，有趣的是，袋狼年龄越大两眼间距越宽。

家　园

　　本杰明生活在一个大家庭中，这一家庭由几只成年袋狼和更多年龄不等的年轻袋狼组成。澳洲大陆普遍干旱，这座小岛潮湿凉爽、森林密布，参天古树盘虬卧龙，甚是壮观。

袋狼的社交

除了一些流浪雄性和年老个体，袋狼是过着群居生活的。它们会通过叫声和身体动作来沟通。

袋狼至少可以发出六种叫声：平日和同伴打招呼时会连续发出短暂的类似咳嗽的叫声，与同伴亲密接触时会发出吸鼻子的声音，紧张时会发出嘶嘶声，十分不安时会发出高低起伏的类似哭泣的叫声，被激怒时还会发出两种咆哮声。

袋狼也会通过肢体语言交流：

互相嗅闻是袋狼表示友好的一种肢体语言。

不止一次目击记录证明，袋狼会在死去的同伴旁逗留很久。

受威胁时，袋狼会眯起眼睛，张开大嘴露出牙齿，发出嘶嘶的声音。尾巴左右摇摆，尾部末端的长毛也会竖起来。

捕猎

    几个月后，本杰明已经能与父母一起捕猎了。这天夜里，一群袋狼准备去捕猎，它们压低身子在密林中快步潜行。袋狼能用小跑的姿势跑相当长的时间。袋狼瞄准了一只沙袋鼠，沙袋鼠虽机警敏捷却抵不过一群袋狼的轮流追踪。黎明时分，沙袋鼠已经筋疲力尽，这时袋狼们一拥而上，扑了上去……

袋狼的捕猎

袋狼是塔斯马尼亚岛上的顶级掠食者，小到蛙类，大到袋鼠，都是它们的猎物。

袋狼的头似犬，但腿短、躯干长，这样的身体比例更像猫科而非犬科。再加上虎纹形的花纹，使得它们更适合以跟踪、潜伏的方式捕猎。

沙袋鼠

袋狼的鼻子很像狗，但嗅觉没有看上去那么灵敏。捕猎时更多依靠大眼睛来收集信息

腰部的脊柱僵硬，无法快速奔跑

长尾可以保持平衡，站立时可充当第三条腿

胸腔很窄，转弯很敏捷

腿不算长

半跖行的脚掌，使得袋狼走起路来弓着背，影响行动速度

嘴可张开 180 度

右前掌

右后掌

前掌与后掌的脚趾数都为五个，爪子不能伸缩，从上方看毛发会覆盖爪子

大航海时代

　　早在本杰明出生之前，这座小岛就已不复平静，欧洲人和他们的羊群已来到这里。与原住民不同，欧洲移民对袋狼怀着更多的反感和误解。

原住民和殖民者眼中的袋狼

为纪念塔斯曼所发行的邮票

塔斯曼所率领的"海姆斯凯克号"(左)和"齐恩号"

1642 年 2 月，荷兰航海家阿贝尔·塔斯曼（Abel Tasman）登陆塔斯马尼亚岛，这是欧洲人首次到达该岛。

在此次的勘察活动中记录到了袋狼。欧洲人并未见过袋狼，觉得这可能是一种老虎或土狼，而在当时，这两种动物在欧洲人的印象中都不好。

原住民关于袋狼的传说：

相传有一位部落王子帕拉纳（Palana），一天他在林中遭到了袋鼠塔尔那（Tarner）的袭击，危急时刻，一条路过的狗挺身而出，咬死了袋鼠。后来受伤的王子和狗被大人们发现。王子钦佩狗的勇敢，见狗身上的血巴滴到地上，便将血连同泥土混合，用手指在狗身上画上一道道棕色的条纹，从肩旁一直画到尾巴，边画边说："你是勇敢的科琳娜（Corinna）"。

吸血鬼：

早期的欧洲殖民者对袋狼的习性有很多误解，比如认为它们的尾巴是裸露无毛的，会像水獭一样在水中活动。并且认为它们不吃肉，只会咬断猎物的喉咙，吸食猎物的血。

殖民的阴影

19 世纪上半叶，欧洲人开始在这里殖民，一些囚犯也被送过来。让原本是世外桃源的小岛蒙上了一层阴影。殖民者为了占有岛上的所有土地，大量屠杀或驱逐原住民。

原住民的遭遇

塔斯马尼亚岛曾生活着 6000~10000 名原住民，他们是小岛真正的主人。

1770 年，英国宣布该岛为英国所有。1803—1856 年，由于美国独立，英国开始向塔斯马尼亚岛内运送罪犯，并建立起一连串监狱和劳改营。为了生产羊毛，畜牧业也蓬勃发展。

这一切都需要土地，原住民当然不能容忍家园被大量霸占，双方冲突频发。1828 年，英国宣布对整个岛屿实施戒严，号召欧洲移民统一起来，尽最大努力抓捕每个土著人。

这些土著人被驱逐到巴斯海峡内弗林德斯岛上的传教站，却不幸患上传染病相继去世，最后一位纯血统原住民叫特鲁格尼尼，是一位女性。

包括塔斯马尼亚岛原住民在内的澳洲原住民，相比美洲和非洲原住民知名度似乎不那么高，但在殖民时期所遭受的苦难则有过之而无不及。时至今日，保护和传承澳洲原住民的文化，对于维护世界人类文化的健康和多样是必不可少的。

特鲁格尼尼（Truganini, 1812—1876），最后一位纯血统的塔斯马尼亚岛原住民，她曾向看管她的白人请求在自己死后不要被解剖，但她还是被解剖了，其遗体在霍巴特博物馆展出直到 1947 年。

查尔斯·达尔文乘坐贝格尔号进行环球考察时途经塔斯马尼亚岛，身为英国人的他对本国人民同原住民的关系进行了如下评价：

"这种残忍的措施（驱逐原住民）看来是不可避免的，这也是阻止黑人一连串抢劫、放火、杀人等可怕行为的唯一方法，这样做迟早会使他们最终灭绝。毫无疑问的是，我觉得这一连串的罪恶后果都是由我们英国人的丑恶行为所导致。"

不再安全的森林

　　殖民者驱逐了原住民，将小岛据为己有并大力发展畜牧业。袋狼似乎对羊群是个威胁，政府开始鼓励民间捕杀袋狼。毒饵、陷阱、猎枪使得本杰明的同伴越来越少。而在更早的时候，岛上的另一个物种塔斯马尼亚鸸鹋，因为被认为偷食农作物，被人类捕杀殆尽。本杰明在日益危险的森林中长到了成年。

从误解到排斥

袋狼是有能力捕食羊群的，但它们更偏向于捕食本土的野生动物，羊群的死亡更多情况下是流浪狗所致。但政府开始悬赏捕杀袋狼，猎杀 1 只成年袋狼 1 英镑，猎杀 1 只未成年袋狼 10 便士。1888—1912 年，至少有 2000 只袋狼被猎杀，早在那之前，就已有数百只被猎杀。这种打击对一座小岛物种是灾难性的。

最后一起猎杀袋狼的事件发生在 1930 年，这只袋狼在光顾后院时被房屋主人射杀。

根据 1823 年的一份草图绘制的捕兽陷阱

头几年，每年被猎杀的袋狼有 100 只左右，到了 1906 年骤降到 56 只，1909 年只有 2 只。20 世纪 20 年代，袋狼已相当罕见。

塔斯马尼亚鸸鹋：被当作有害物种遭到捕杀，同时引火烧荒破坏了它们的栖息地，其在 1850 年前后灭绝。

1803 年岛上有 30 只羊，到了 1819 年激增到 172000 只。

落入陷阱

　　本杰明幸运地躲过人类的猎杀。但在 1933 年 6 月的一天，它还是被陷阱套住了，绳套紧紧缠住它的右脚踝。今天，我们仍可以通过本杰明的照片看到这道伤痕。

猎人的收获

当设下这个陷阱的猎人来察看时，发现这只袋狼也没受太大的伤，品相也不错，当时袋狼已经很罕见了，如果卖给动物园能卖个好价。因此猎人没有处决袋狼。他老练地绑好了袋狼的腿和嘴，背回营地。打算稍作修整后乘火车将袋狼运往动物园。

艾里亚斯·丘吉尔（Elias Churchill）是当地的一名猎人，在其狩猎生涯中捕到过8只袋狼。最后一次是在1933年，这只袋狼随后被送往霍巴特动物园。人们推测这就是本杰明。

"我把它挂在脖子上，向营地返回。它大概有40磅重。"

——艾里亚斯·丘吉尔

这间小木屋是丘吉尔在林中的营地，本杰明被捕后在这里被短暂关押过。2007年，由旅游局出资，对这间小屋进行了翻修。

猎人把袋狼放在自己林中小屋的后院安顿，喂了些肉。每当猎人过来观察时，袋狼都会用那棕色的大眼睛瞪着他。

物以稀为贵

袋狼越来越罕见，成了动物园乐意收购的种类。本杰明因此免予一死，被猎人卖到当地的霍巴特动物园。本杰明是这里的最后一只袋狼，也是人类饲养的最后一只袋狼。后来，这座动物园因本杰明而享有盛名。

动物园中的袋狼

一些幸运的袋狼没有被杀死而是送往塔斯马尼亚岛或澳洲大陆的动物园。19世纪末，以英国为首的海外动物园开始购买袋狼，用来展示异国情调以及彰显帝国主义征服世界的能力。但当时人们并未积极地尝试人工繁殖，错过了一个可以保住物种血脉的机会。在动物园仅有的一次成功繁殖的记录发生在1899年的墨尔本动物园。

随着袋狼越来越罕见，1926年，一只袋狼以超过150英镑的价格卖给伦敦动物园，这是最后一次向海外出口袋狼。

**世界各地动物园
袋狼清单**

（不包括运输过程中死亡的个体）

澳大利亚
霍巴特 45 只
朗塞斯顿 66 只
阿德莱德 22 只
墨尔本 48 只　悉尼 3 只

美国
纽约 3 只
华盛顿 5 只

英国
伦敦 20 只

德国
柏林 4 只
科隆 2 只

印度
金奈 2 只

比利时
安特卫普 1 只

法国
巴黎 2 只

新的生活

本杰明将在这间笼舍度过它的余生，这里之前住过几只袋狼。白天，它会被放出来展出，下午三点是喂食时间，到了晚上，它又会回到封闭的区域。

霍巴特动物园简介

霍巴特动物园的前身可追溯至1895年，是社交名媛玛丽·罗伯兹（Mary Roberts）的私人花园，1923年2月2日对公众开放。这座不大的动物园拥有来自世界各地的动物：狮子、老虎、大象甚至北极熊，曾是当地人经常光顾的娱乐场所，1937年因经济危机而关闭。之后作为澳大利亚皇家海军的燃料仓库一直到1991年。时至今日，这片荒地已杂草丛生，当年的兽舍只剩残垣，却依然有人因本杰明而来此悼念。

霍巴特动物园地图

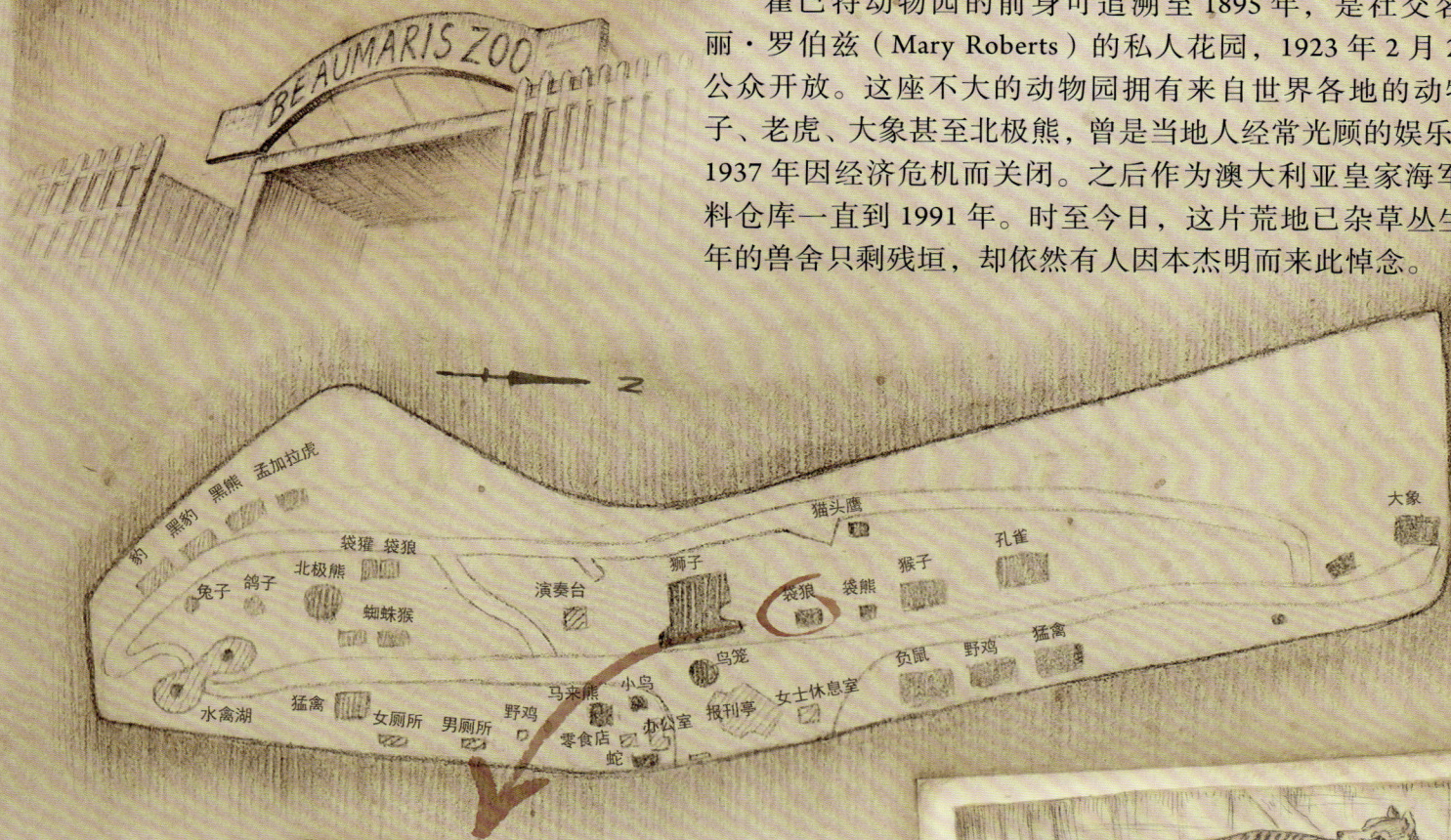

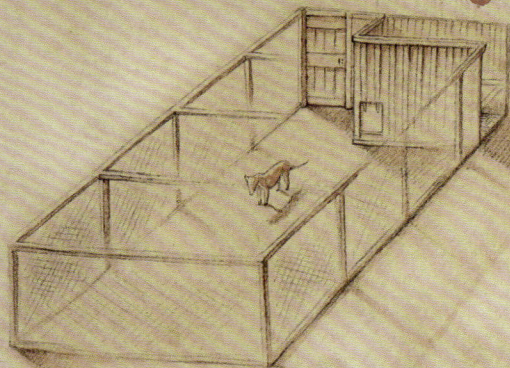

笼舍面积大约8米×4米，分为室外展区和室内休息区。围栏有两个木门，大门是饲养员的入口，小门是专供袋狼进出休息区的通道，休息区大约3米×1米，是一个密闭的空间，地面上还铺着干草。每晚本杰明在这里睡觉，白天则被放到室外展出。

在本杰明到来前，这间笼舍里也住过其他袋狼，包括这4只，为一家老小，但不幸因传染病相继去世。

日复一日

如果本杰明在幼年时被驯养，它可能会更容易适应动物园的生活，但它被驯养时已经是成年，对同类、对生活的所有回忆都来自曾经的野外生活。它变得忧郁又焦躁，整天都在笼中来回踱步。

62 秒的录像

本杰明在动物园第一年的冬天，1933 年 12 月 19 日，来了一位特殊的客人——大卫·弗莱。他是当时少数关心袋狼存亡的人之一，我们今天看到的有关本杰明 62 秒的录像，就是他在这天拍摄的。

大卫走进笼舍给本杰明拍照。但本杰明不喜欢他，它开始频频打哈欠，亮出满口牙齿，同时发出咝咝的声音给予警告。最后还咬了大卫的大腿一口！此后大卫经常以此开玩笑：

大卫·弗莱（David Fleay，1907—1993）澳大利亚博物学家，自然主义者，首位人工成功繁育鸭嘴兽的科学家，在"二战"后他发起了搜索袋狼的计划，希望可以找到一公一母将其保护起来。

"本杰明在动物园吃得太单调，所以想尝尝我的腿！"

格拉菲大画幅相机

最后 59 天

1936 年 7 月 10 日，政府宣布袋狼为保护动物，不得猎杀。这一年岛上迎来寒潮，昼夜温差超过 40 摄氏度，但本杰明却被粗心地关在室外的水泥地上。在这样的环境下度过了十多天后，本杰明终因体力不支，于 9 月 7 日晚上死在笼中。这一天，离政府宣布保护袋狼才过了 59 天。

更加糟糕的生活

1922 年 2 月 21 日，阿瑟·里德（Arthur Reid）担任动物园的园长。20 世纪 30 年代经济大萧条开始，25% 的人失业。此时阿瑟的身体也每况愈下，许多事务由女儿艾莉森代替操办。

艾莉森·里德（Alison Reid）是动物园园长的女儿，大萧条期间她的职权被剥夺，钥匙被没收，但为保障园中动物们的福利仍在不断奔波。她向霍巴特市议会发出请求给予袋狼良好的照顾，却因为自己是女性而被忽视。可以说，袋狼的灭绝一部分也应归结于性别歧视。

"我父亲去世后，动物园的情况非常糟糕……他（新任园长）满足于把动物园变成失业人员的聚居区，笼子不打扫，动物也不给喂，或者让它们吃前一天腐烂的食物……"
—— 1992 年对艾莉森的采访

1935 年，阿瑟退休。继任的园长对动物漠不关心，也不允许艾莉森插手。大萧条使得动物园资金紧张，专业饲养员被解雇，取而代之的是对动物毫不上心的门外汉。此时岛上的昼夜温差极大，白天达到 40 摄氏度，夜晚则降到零下 3 摄氏度，常能听到动物们的哀嚎。

粗心的照料最终使得本杰明以缓慢而痛苦的方式死去，为它的一生画上了遗憾的句号。

天空之国 "The sky country"

在乌卢鲁岩的上空，便是土著人传说中的来世天堂——天空之国。

自"梦幻时代"以来诞生的所有生命，其灵魂都会回归于这里，这里相对于尘世，雨水更丰富，生活更惬意。

本杰明走入它们之间，再次与它们融为一体。

THE END

本杰明死后

　　本杰明于 1936 年 9 月 7 日死亡。人们并不确定本杰明是什么时候有本杰明这个名字的，一位饲养员说这个名字是他起的，然而并未得到动物园的确认，但"本杰明"这个名字已成为这个物种的一部分。可惜本杰明的尸体并未被留存，所以无法确认其性别。人们经过观察 1933 年拍摄的影像资料，推测它当时可能是一只年轻的成年雌性袋狼。

　　一些人认为本杰明是袋狼家族中的最后一只，也有一些人认为袋狼直到"二战"后才彻底灭绝，还有一小部分人坚信，袋狼还活着。塔斯马尼亚州建起了一连串国家公园。其中最早的一座——菲德尔山国家公园，就建在本杰明被捕捉的地方。

在网上寻找本杰明

如果你还想了解更多关于本杰明的信息，可以上网查找。如何从不同袋狼中认出它？请记住，本杰明有这些与众不同之处。

左侧额头上有一道下陷的疤痕，在远处也能看见

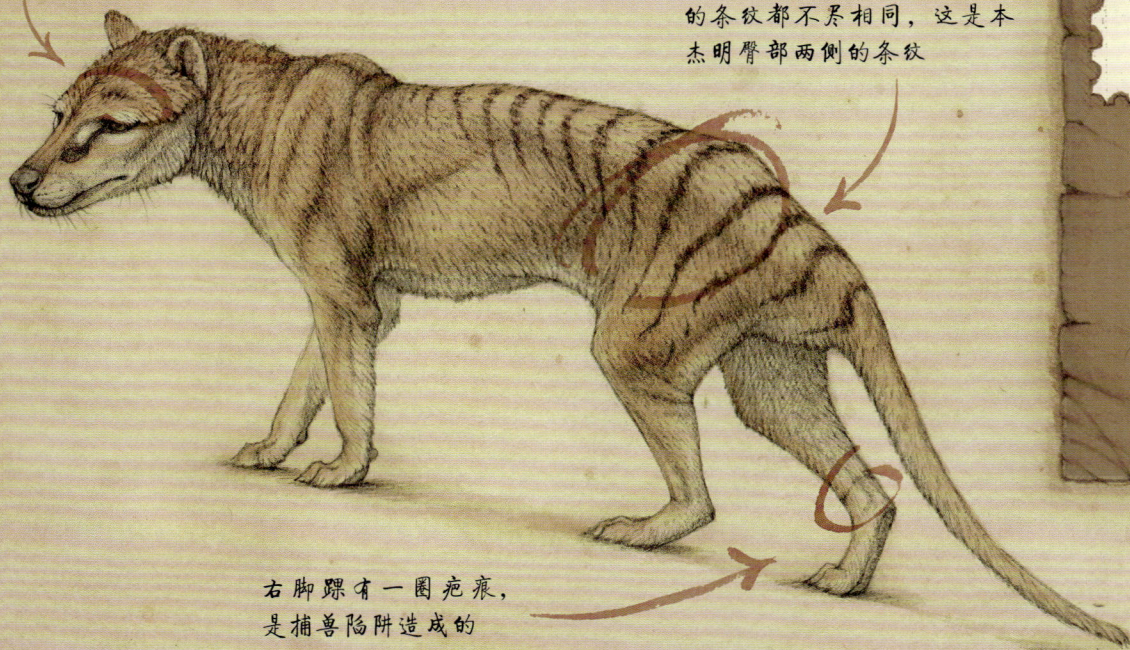

和人的指纹一样，每只袋狼的条纹都不尽相同，这是本杰明臀部两侧的条纹

右脚踝有一圈疤痕，是捕兽陷阱造成的

迈克·阿彻（Michael Archer），澳大利亚博物馆馆长。1999年发起了"扎卢斯计划"（The Lazarus Project），致力于复活袋狼和胃育蛙。一些人反对这种"充当上帝"的做法，他则认为此举是向大自然的一种偿还。

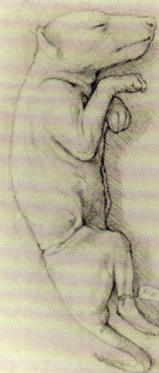

迈克的团队试图从这具酒精罐中的小袋狼尸体里提取 DNA

真实照片

本杰明头部特写，左额上的凹痕清晰可见。摄于1933年

勿忘我　名片

姓名：本杰明　Benjamin

性别：可能是雌性

种族：袋狼（塔斯马尼亚虎）

生卒年：约1930年（野外出生）—

　　　　1936年9月7日（照顾不周死亡）

猎人的林中小屋，本杰明曾在这里被关押。摄于2006年

本杰明全身，可见其右脚踝上的伤痕，由捕兽陷阱所致。摄于1933年

"它又瘦又孤独，来回踱步的样子看起来很绝望。一看到它我就心烦意乱，不得不离开动物园。"

—— 维塔·布朗（Vita Brown）

开放时期的霍巴特动物园，摄于 1924 年

在树荫下休息的本杰明，摄于 1933 年

霍巴特动物园遗址

袋狼编年史

400 万年前
袋狼出现在今天的澳洲大陆、新几内亚和塔斯马尼亚岛。

6 万年前
智人来到澳洲。

1 万年前
气候变化，新几内亚的袋狼灭绝。海平面上升导致塔斯马尼亚岛与澳洲大陆分离。

5000 年前
狗随人类来到澳洲。在野狗竞争、气候变化、人类捕杀等因素下，袋狼在澳洲大陆逐渐灭绝。

1642 年
荷兰航海家阿贝尔·塔斯曼登陆塔斯马尼亚岛，这是欧洲人首次到达该岛，在此次的勘察活动中记录到了袋狼。

1770 年
塔斯马尼亚岛沦为英国殖民地。

19 世纪初
大量囚犯被流放到塔斯马尼亚岛，殖民者在小岛上大力发展畜牧业。袋狼被认为会对羊群构成威胁而遭到悬赏捕杀。

1884 年
最著名的捕杀袋狼组织"Tiger and Eagle Extermination Society"成立。

19 世纪末
世界各大动物园开始购买袋狼，用来展示异国情调以及彰显帝国主义征服世界的能力。殖民者看到袋狼的经济价值，对袋狼的态度稍有缓和。

1904 年

第一个保护野生动物的官方组织 "Tasmanian Field Naturalists Club Inc." 成立。一直延续至今。

1926 年

袋狼最后一次向海外动物园出口，以超过 150 英镑的价格卖给伦敦动物园。此后因数量稀少不再出口。

1933 年

本杰明被活捉，送往霍巴特动物园展出。

1936 年 7 月 10 日

塔斯马尼亚州政府颁布了保护袋狼的法令，正式宣布袋狼为保护动物。

1915 年

塔斯马尼亚岛建立了第一个保护区，与此同时，袋狼显著减少。

1930 年

塔斯马尼亚博物馆馆长克莱夫·洛德 (Clive Lord) 等人经多年努力促成一项法律颁布：每年 12 月的繁殖季不能捕杀袋狼。

1933 年 12 月 17 日

澳大利亚博物学家大卫·弗莱来到霍巴特动物园，拍摄了本杰明生前的唯一录像。

1936 年 9 月 7 日

本杰明因照顾不周死亡。

参考资料

[1] 保罗·弗莱施曼. 世界的第一束光 [M]. 张雪萌译. 北京: 二十一世纪出版社集团, 2018:14.

[2] 欧光安. 人类文明的彼岸世界 [M]. 济南: 山东画报出版社, 2015:14

[3] APA Publications. 异域风情丛书: 澳大利亚 [M]. 陈静译. 北京: 中国水利水电出版社, 2001:26-27

[4] 米兰达·布鲁斯米特德福. 符号与象征 [M]. 周继岚译. 北京: 三联书店, 2014:77-82

[5] 简·宾格汉姆. 澳大利亚土著艺术与文化 [M]. 简悦译. 天津: 天津教育出版社, 2009:4-15, 45-50

[6] 冨田幸光. 灭绝的哺乳动物图鉴 [M]. 张颖奇译. 北京: 科学出版社, 2013: 51

[7] 台湾光复书局. 世界动物图鉴——哺乳动物（一）[M]. 北京: 海豚出版社, 1997: 18-19

[8] 查尔斯·达尔文. "小猎犬"号科学考察记 [M]. 王媛译. 北京: 中国妇女出版社, 2017: 263-275.

[9] 埃罗尔·富勒. 消失的动物——灭绝动物的最后影像 [M]. 何兵译. 重庆: 重庆大学出版社, 2018:174-187

[10] 戴维斯·西蒙. 消失的动物——美丽生灵的凄凉挽歌 [M]. 章晓明译. 上海: 上海社会科学出版社, 2003:25-32

[11] 拉德克·马利. 消失的动物 [M]. 傅临春译. 长沙: 湖南科学技术出版社, 2020:58-59

[12] 伊莲娜·哈杰克, 达米安·拉文顿. 消失的动物 [M]. 刘学译. 北京: 电子工业出版社, 2013:70-71

[13] 理查德·特德福德, 毛里西奥·安东. 犬类和它们的化石近亲 [M]. 孙博阳译. 北京: 商务印书馆, 2021:26-28, 219-221

[14] 特德·奥克斯. 遭遇怪兽 [M]. 何晓科译. 北京: 东方出版社, 2004: 29-70

[15] 托姆·霍姆斯. 史前地球: 哺乳动物的时代 [M]. 邬冬文译. 上海: 上海科学技术文献出版社, 2019:19-20

[16] 克莱尔·克雷格. 濒临灭绝 [M]. 穆林华译. 北京: 中国电力出版社, 2005:10-11

[18] Robert Paddle.The Last Tasmaniam Tiger[M].New York: Cambridge University Press, 2000:19,26-27,31,38,63-68,75,101-102, 127-129,185-195

[18] Margaret Wild, Ron Brooks.The Dream of the Thylacine[M].NSW: Allen & Unwin, 2011

[20] David Owen.Thylacine:the tragic tale of the tasmanian tiger[M].NSW: Allen & Unwin, 2003:12-13,26,42-43,59-61,110,123-134.

[21] The Thylacine Museum.Reproduction and Developent, http://www.naturalworlds.org/thylacine/biology/reproduction/reproduction_1.htm

[22] The Thylacine Museum.Behaviour, http://www.naturalworlds.org/thylacine/biology/behaviour/behaviour_1.htm

[23] The Thylacine Museum.Benjamin-The Last Known Captive Thylacine, http://www.naturalworlds.org/thylacine/captivity/Benjamin/Benjamin_1.htm

感　谢

　　这套绘本的前身可追溯到 2018 年我在公众号上发布的同名系列文章，感谢崔戴琪、张雨萌、金璇对于公众号的支持。感谢学长徐业博、刘滨鼓励我把这些文章扩充成绘本，朱婧琪、李盂推荐并提供了很多专业画材，绘本画师刘晓俏也向我介绍了创作过程。感谢摩点众筹的马麟老师，从绘本创作初期便开始关注，提出了很多推广上的意见。

　　正式创作时需要查阅大量资料，在此期间有幸结识了《悲情国宝——白鱀豚生死全记录》的作者于江老师，他对长江豚类的一往情深令我鼓舞。随着绘本逐渐成形，第一版排版完成，感谢 IFAW（国际爱护动物基金会）的伙伴们，他们是绘本的第一批读者，并向我提出了很多动物行为方面的意见。到了找出版社的环节，感谢魏珊向我推荐了微信群"人类世动物爱好者互助会"，在这里我结识了王宇飞，她向我推荐了现在合作的出版社。最后到了出版前的审校环节，感谢王克雄老师参与审校白鱀豚分册，他正是书中主角淇淇的饲养员。也感谢解焱女士参与袋狼分册的审校，多年来她一直致力于东北虎的保护，我也曾受她的鼓舞去珲春虎豹国家公园参与志愿活动，所以当第一次得知她能来参与审校时倍感荣幸。

　　最后感谢父母把我带到这个美妙的世间，含辛茹苦养我成人，支持我走上艺术创作这条路。感谢卞其凰，不仅参与了封面的设计，几年来也在各个方面一直默默支持我，真心陪伴我左右，并向我分享看待人生、看待世界新的眼光，没有她也就没有今天的我。

这本书属于

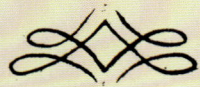

一个名字

代表一段历史

"孤独乔治"

是已知最后一只

加拉帕戈斯平塔岛象龟的名字

人们用 美国一位电视明星的名字来为它命名

这是一个关于

孤独乔治 和它生存的这片土地的故事

图书在版编目（CIP）数据

最后一只平塔岛象龟孤独乔治/任文煜编绘.—北
京：中国环境出版集团，2025.1
（勿忘我）
ISBN 978-7-5111-5391-3

I.①最… II.①任… III.①龟科—普及读物 IV.
①G959.6-49

中国版本图书馆CIP数据核字(2022)第244178号

审图号：GS京（2024）0587号

出 版 人　武德凯
责任编辑　田　怡
装帧设计　任文煜

出版发行　中国环境出版集团
　　　　　（100062 北京市东城区广渠门内大街16号）
网　　址：http://www.cesp.com.cn
电子邮箱：bjgl@cesp.com.cn
联系电话：010-67112765（编辑管理部）
　　　　　010-67175507（第六分社）
发行热线：010-67125803，010-67113405（传真）
印　　刷　玖龙（天津）印刷有限公司
经　　销　各地新华书店
版　　次　2025年1月第1版
印　　次　2025年1月第1次印刷
开　　本　889×1194　1/12
印　　张　5
字　　数　95千字
定　　价　238.00元（全四册）

中国环境出版集团郑重承诺：
中国环境出版集团合作的印刷单位、材料单位均具有中国环境标志产品认证。

勿 忘 我

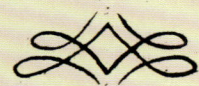

最后一只平塔岛象龟

孤独乔治

目 录

写在前面

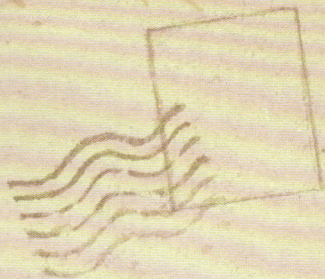

　　有这么一群动物个体，它们是它们家族中的最后一员，儿时在野外出生，青年时目睹同类被猎杀殆尽，中年时被抓进动物园，老年时被世人知晓并珍惜。人们奋力保护，为它起名，为它寻找配偶，为它配置高端的福利设施，但这只动物还是死了，同时也意味着这个物种的灭绝。

　　它们的命运坎坷又鲜为人知，而且这样的动物不在少数，于是我想为这群特殊的群体写书立传。随着我查阅的资料越来越多，知道的细节也越来越多，比如它们出生在何时何地，何时被谁捕获，被安置在哪家动物园，哪个展区，展区的布局什么样，饲养员和它的关系如何……发现自己也欣喜于将这些零星的历史细节拼凑的渐渐立体，仿佛进入了那段历史。

　　您可以把这套书当成绘本、科普读物或是回忆录。我希望能带您进入这段历史，窥探它们的生活。通过了解这些灭绝的动物，记住失去的，珍惜还有的。

平塔岛象龟孤独乔治 Lonesome George

（ 20th ？ —2012 . 6 . 24 ）

加拉帕戈斯象龟的形态与分布

加拉帕戈斯群岛

平塔岛

加拉帕戈斯象龟的体型都很大，一头雌性平塔岛象龟体重为 136~181 千克，雄性更重，达 272~317 千克，最大纪录 386 千克。

位于太平洋的加拉帕戈斯群岛，与邻近的大陆南美洲相距超过 800 千米。群岛由海底火山喷发抬升形成，南北延伸 300 千米，由 15 个大岛、42 个小岛和 26 个岩礁组成。

象龟是这个群岛的代表物种。这里有 14 种象龟，可分为圆顶形和马鞍形。我们的主角"孤独乔治"属于后者。

圆顶形象龟生活在湿润地区，主要以低矮植被为食，光滑的圆形龟壳易于在灌木中穿行。马鞍形象龟生活于干燥地区，上翘的龟甲可以让颈部抬得更高，方便食用高大的仙人掌。

第一章

加拉帕戈斯群岛的历史
犹如一部微型的地球生命史

混沌初开

　　600万年前，在太平洋靠近赤道的位置，一连串的海底火山喷发，冷却凝固的岩浆层层堆积，超出了海平面，形成了岛屿。

加拉帕戈斯群岛的形成

　　加拉帕戈斯群岛形成于海底的火山喷发，高达 1100℃的岩浆不断地从海底裂缝中涌出，在海水的冷却下凝固成岩石，一层层岩浆的堆积最终超出了海平面。因此每座岛都是一座火山。

　　这些火山犹如坐在一条传送带上，随着海底板块由西向东缓缓移动，因此越靠西的岛屿越年轻，如费尔南迪纳岛只有 3 万年历史，而靠东的西班牙岛则已有 350 万年之久，它会在东进的过程中缓缓下降，最终又被淹没于海平面之下。与此同时又会有新生的火山在西边升起，周而复始。

新形成的山脊将
海床向外推挤

岩浆向上涌出，遇到海水
冷却形成新的山脊

火化为土

　　岩浆凝固成的陆地没有养分，很难滋养生命。但还是有植物的种子偶然间漂流到这里，在此生根发芽。
它们死后的躯体滋润了土地，经过几万年的累积，使土地变得越来越肥沃。随后更高大的植物来了，再后来，
动物也来了。

多样的洋流

　　加拉帕戈斯地处多股洋流的交汇处。一些植物的种子，比如椰果天生适合漂流，被硬壳保护的种子可以在海上漂流数年而不会腐烂。一代代植物的堆积，使由火山熔岩构成的陆地渐渐有了养分。

　　大陆的暴风雨会把许多小动物带入海中，它们会随着洋流游荡。如果幸运，洋流会把它们带到小岛上，这是一趟艰辛的旅途，成功率仅有百万分之一。一些在大海迷路的海鸟发现了群岛，便在此繁衍生息，进化出许多独有的鸟类。特殊的地理位置汇集了寒流与暖流，使海中食物丰富，吸引了南极的企鹅——来到这处位于赤道的群岛上。

北赤道逆流

厄尔尼诺现象流

南赤道海流

椰子

克伦威尔海流

海鬣蜥

南赤道海流

图示

暖流

寒流

秘鲁洋流

蓝脚鲣鸟

漂流之旅

几万年来，飓风有时会把大陆上的小动物吹到海面上。陆龟不擅游泳，但它的身体构造却使它可以漂浮在海面上，再加上极强的耐饥渴能力，让它可以在海上漂流数月甚至更久。

加拉帕戈斯象龟的龟壳

祖龟（*Pappochelys*）

龟壳的起源同龟类本身的起源一样尚无定论。生存于 2.4 亿年前的祖龟具有扁平坚硬的肋骨，似乎有着原始的背甲。然而之后出现的半甲齿龟具有发育完善的腹甲，却没有背甲。

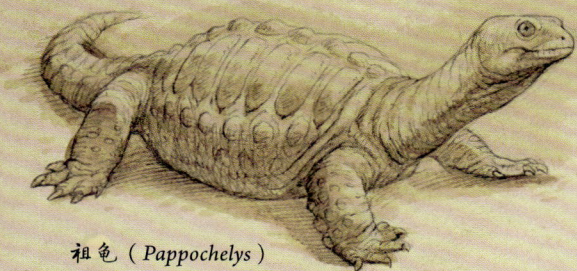

起初，龟类为保护身体而生长了一系列角质板或鳞片，这些组织随时间推移逐渐变大，最后连成一体，形成龟壳。在这个过程中，后背和前胸的软组织逐渐萎缩，直至骨骼附着在龟壳上。最终，大多数内部骨骼与龟壳融为一体，仅留头部和四肢的骨骼可以自由活动。

因为没有天敌，加拉帕戈斯象龟的龟壳在进化过程中骨质硬度大大下降，但依然可以承受一个人的重量。另外，加拉帕戈斯象龟的背甲未发育有颈盾，可依此将它与其它龟类区分开来。

半甲齿龟（*Odontochelys*）

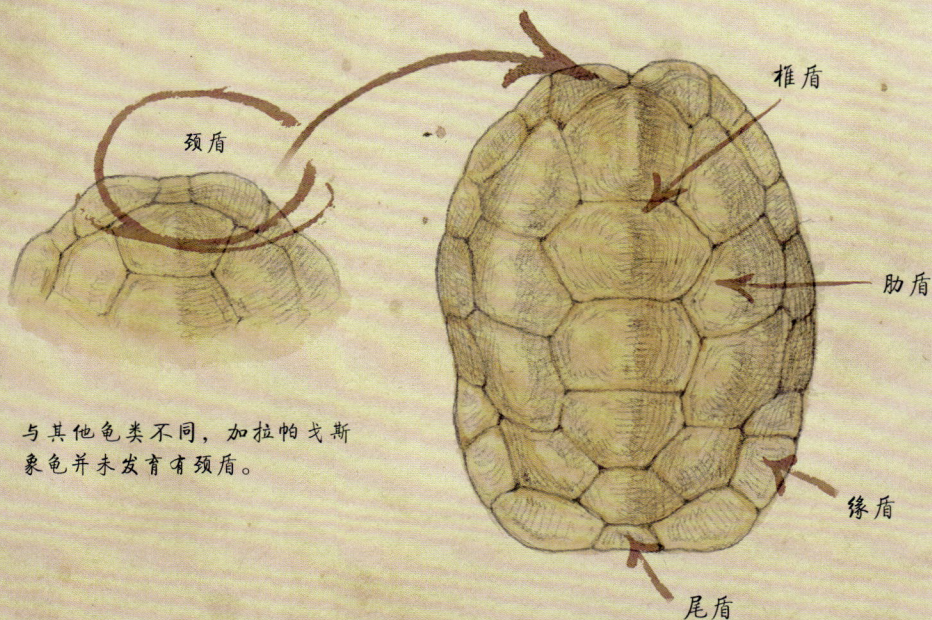

与其他龟类不同，加拉帕戈斯象龟并未发育有颈盾。

颈盾

椎盾

肋盾

缘盾

尾盾

加拉帕戈斯象龟的背甲

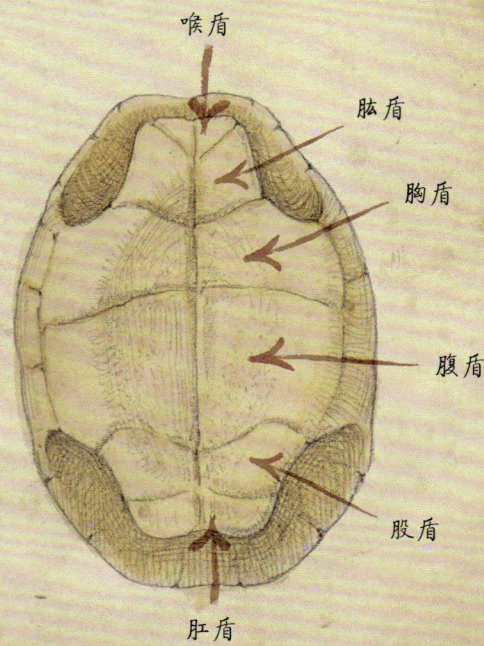

喉盾

肱盾

胸盾

腹盾

股盾

肛盾

加拉帕戈斯象龟的腹甲

登陆群岛

如果象龟足够幸运，它会被洋流吹到最近的陆地上。虽然成功的几率只有百万分之一。经过数万年一点一滴的积累，象龟在新家终于建立起了稳定的种群。

扩散至整个群岛

　　约 300 万年前，生存于南美的一种大型陆龟漂流而来，它们就是加拉帕戈斯象龟的祖先。今日南美大陆的智力陆龟是与其关系最近的种类。到达加拉帕戈斯后，象龟依然通过同样的方式，漂流扩散至群岛各个岛屿，每个大的岛屿都有一种或多种象龟分布。日久天长，分化出了 14 个种。

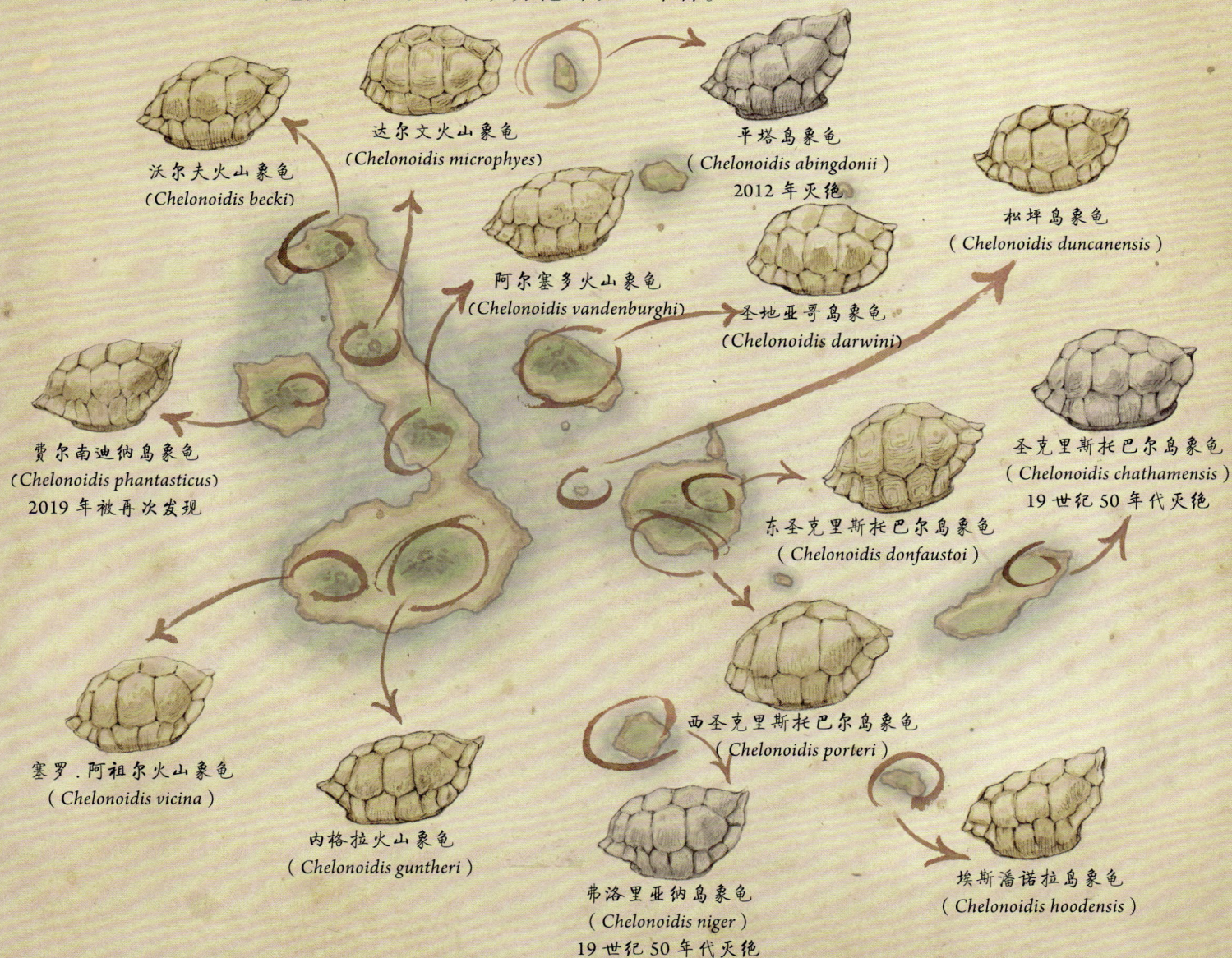

沃尔夫火山象龟
(Chelonoidis becki)

达尔文火山象龟
(Chelonoidis microphyes)

平塔岛象龟
(Chelonoidis abingdonii)
2012 年灭绝

松坪岛象龟
(Chelonoidis duncanensis)

阿尔塞多火山象龟
(Chelonoidis vandenburghi)

圣地亚哥岛象龟
(Chelonoidis darwini)

费尔南迪纳岛象龟
(Chelonoidis phanticus)
2019 年被再次发现

圣克里斯托巴尔岛象龟
(Chelonoidis chathamensis)
19 世纪 50 年代灭绝

东圣克里斯托巴尔岛象龟
(Chelonoidis donfaustoi)

塞罗．阿祖尔火山象龟
(Chelonoidis vicina)

西圣克里斯托巴尔岛象龟
(Chelonoidis porteri)

内格拉火山象龟
(Chelonoidis guntheri)

弗洛里亚纳岛象龟
(Chelonoidis niger)
19 世纪 50 年代灭绝

埃斯潘诺拉岛象龟
(Chelonoidis hoodensis)

温和的巨人

若将象龟比作群岛的主人，那它一定是仁慈低调的君主。加拉帕戈斯象龟是植食动物，同类之间最激烈的冲突，也只是雄性在求偶期间会伸长脖子挺起胸膛，互相发出嘶哑的叫声，在90米外也能听得见。

XII

IX   III

VI

0:00—12:00

XII

IX   III

VI

12:00—次日 0:00

象龟的习性

    加拉帕戈斯象龟的生活是惬意的，它们的作息安排以两小时为单位。清晨，它们会晒两个小时的日光浴，借助阳光来获取它们不能自己合成的维生素 D。日光浴结束后开始觅食。食物包括树叶、仙人掌、花朵、果实、地衣等。中午会趴在树荫下降温，傍晚时进入梦香，它们的睡眠时间长达 16 个小时。

    象龟在这里没有天敌，寿命可超过 100 岁，有时它们会因为笨重的体型而陷入崎岖的地形无法脱身，会因暴晒或饥饿而死，而这样的过程可能长达数月。当一只老象龟死亡后，它的尸体会被同类吃掉。

仙人掌为了避免被吃掉，发育出类似树干的结构，与此同时象龟的颈部和腿部也变得更长，背甲的边缘上翘，为颈部留出更大的抬升空间，方便够到更高的食物。

第二章

时间步入大航海时代
加拉帕戈斯象龟不幸成为
那个时代理想的海上食物

越来越多的人来到这里

大航海时代

    象龟在岛上没有任何天敌，直到某一天，一艘帆船靠岸，下来了疲惫的水手，抓走了几只象龟。象龟们的隐世居所被越传越广。于是，越来越多的船只靠岸，越来越多的水手来此搜寻，有时人们一次就能带走上千只象龟……象龟的种群数量开始减少。

大航海时代的牺牲品

17 世纪的海上生活极为艰苦，新鲜的淡水和食物是水手们迫切需要的，而加拉帕戈斯的象龟不幸成为极佳的选择，它们行动迟缓不会反抗，极易捕捉。"群岛有象龟"的消息在船员间越传越广，越来越多的船只为捕食象龟而来。

人们需要水，杀死并肢解象龟，除了鲜血可以解渴外，象龟的心包膜和膀胱里也有可饮用的水。人们需要肉，一只巨大的象龟可以提供 90 公斤的肉，龟肉既可生吃也可腌制。为了保证返程时依然可以吃到龟肉，水手会把活龟抬到船舱，在接下来的数个月甚至更长的时间，它们都不会死，成为了"鲜肉库"。

象龟的脂肪也可以熬出很清的油。人们会抓住一只象龟，在接近尾部的皮肤上划开一道口子，窥探身体内部，看看背甲下的脂肪厚不厚，不厚的话会暂且放生，龟可以从这种创伤中自愈。

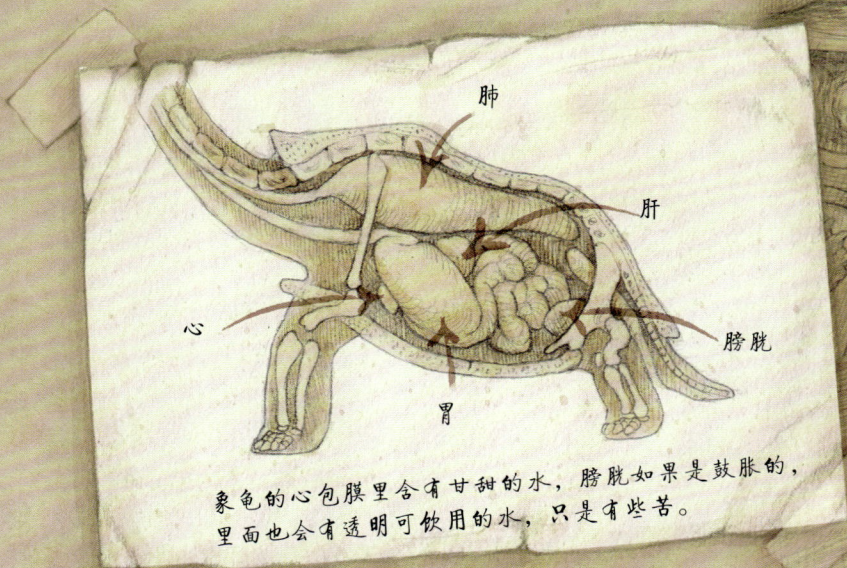

肺

肝

心

膀胱

胃

象龟的心包膜里含有甘甜的水，膀胱如果是鼓胀的，里面也会有透明可饮用的水，只是有些苦。

水手们把象龟翻过来一只一只叠起来，这样象龟就跑不了了。

达尔文

　　19 世纪，加拉帕戈斯群岛经历了一个世纪的掠夺，象龟数量已大不如前。此时岛上来了一个年轻人，日后他的观点将改变人类历史，他就是查尔斯·达尔文。而岛上的各种雀类和象龟，将为他的观点提供坚实的基础，但此时他的研究不能保护象龟。在他走后，对于象龟的抓捕继续进行着。

达尔文寻找象龟

1831 年，时年 22 岁的达尔文登上"贝格尔"号展开环球航行。于 9 月 16 日至 10 月 20 日驻足在加拉帕戈斯群岛，他对群岛生物的观察，为他日后的进化论提供了坚实基础。

达尔文乘船到达加拉帕戈斯。岛上的岩浆遗迹和难以忍受的气候，让他觉得似乎来到了世界的尽头：

贝格尔号，又叫小猎犬号，原英国皇家海军战舰，1820 年下水，1845 年退役。

> "17 日早晨，我们登上了查塔姆岛（即现在的圣克里斯托巴尔岛）……一片凹凸的黑玄武岩直插波涛汹涌的海面，大裂缝四面交错，周围长满饱受烈日烤灼的矮小灌木丛，生命迹象寥寥可数。"

他带着先辈留下的探险日记，期待亲眼目睹象龟。然而经过一个多世纪的掠夺，象龟已相当罕见了，他徒步寻找了两天才发现象龟，一路上饱受晕船之苦的达尔文也从象龟处找到久违的开心。

> "当我超越一只这种安静踱步的庞然大物时，我看到它在我经过的瞬间突然把头和腿缩进龟壳，发出长长的嘶声，掉在地上发出重重的响声，像是被击毙了，真是太逗了！我经常爬到它们的背上，敲击几下龟壳比较靠后的地方，它们就会站起来走开，但我发现自己要保持平衡很难。"

贝格尔号离开群岛时，船员们捕获了数只象龟做为食物（后人认为这对于该岛本就岌岌可危的象龟来说是巨大的打击），无法食用的龟壳被丢入大海。

查尔斯·罗伯特·达尔文（Charles Robert Darwin，1809—1882），首位系统阐述进化论的人。

孤独乔治降生

　　自达尔文离开群岛后，时间又过去了接近一个世纪。在平塔岛，一只母象龟产下一窝棒球大小的蛋，它轻轻用土掩埋，然后默默走开，完成了一个龟妈妈应尽的职责。在这一窝蛋中，一只小龟将成为这个物种最后一员——孤独乔治。

象龟的出生和成长

　　加拉帕戈斯象龟每年1—8月交配，交配时间10~20分钟。之后雌象龟会选择在灌木丛或水源附近产卵，产卵数量2~25枚。幼龟一出生便可独立生活。幼年象龟会在低海拔地区生活，随后会逐渐移动到更湿润、海拔更高的地区。

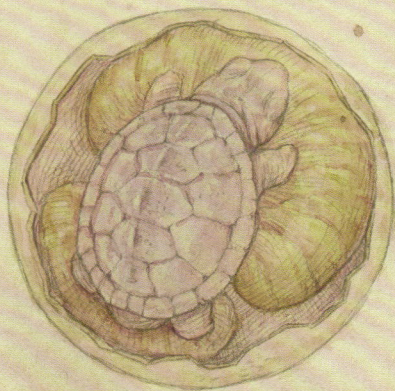

蛋形似棒球，蛋壳白色，质地坚硬。胚胎的性别受温度影响，温度越高，雌性越多，反之，雄性越多。胚胎发育3~5个月后破壳而出，幼龟背甲长约6.3厘米，重约85克。

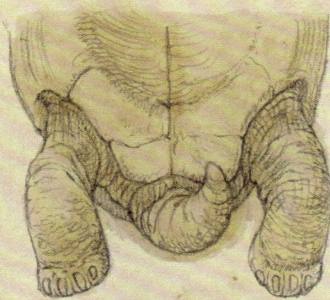

雄性

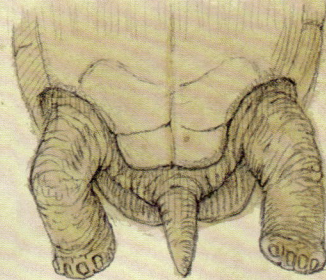

雌性

象龟到15岁时可辨认出性别，到20~25岁发育成熟。雄性龟尾部明显大于雌性。此外，雄性龟的腹甲向内凹陷，这种结构有助于叠在雌性龟的背甲上。

山羊的阴影

孤独乔治和小伙伴们除了要面对人类，还要面对另一个挑战：在山羊的夹缝中求生。这些山羊是由水手们流放此处的。更敏捷的身体和思维让它们占据了上风，抢占了象龟的食物，成为小岛的新主人。

物种入侵

　　长久以来，象龟和这里的植物形成微妙的平衡，植物给予象龟营养和水分，象龟则通过排便将种子分散到岛屿各处。但随着船只登陆，羊、猪、鼠等动物相继到来，它们更聪明、更敏捷且需要大量的食物。其中山羊成为象龟食物的主要竞争者，平塔岛的山羊曾一度达到4万只之多。象龟的生存空间遭到严重挤压。

乌龟公路

　　人类的搜捕和物种入侵使得象龟的数量大大减少，孤独乔治可能不曾见过同类，但这里仍有同类留下的痕迹，每当口渴难耐，它会本能地沿着低于地面的坑道前行，就能通往水草丰盛的地带，这些道路便是祖祖辈辈留下的痕迹。千万头象龟硬是用沉重的身躯把路面踩平，人们称之为"乌龟公路"。

象龟的迁徙

加拉帕戈斯群岛降水量稀少且没有规律，因而地表干燥，但到了海拔 300 米以上的山区，洋流带来的湿气被留住，这里气候湿润植物茂密，特别是在迎风坡。

平日里，加拉帕戈斯象龟是悠闲的动物，一天只移动 40~49 米，不超过一个足球场的距离。但当为了寻找丰水草时，它们也会向高海拔进行长途迁徙，一天可以走上 5~6 千米。一旦找到水源便埋头痛饮，在水塘逗留三四天后再回到低海拔地带。

当年到达这里的西班牙人就是顺着"乌龟公路"找到了水源。

象龟习惯成群结队沿着同一条道路前进，久而久之走出一条下陷的道路。在群岛上多处可见这种"乌龟公路"。

象龟可以用鼻孔喝水，喝水时会把大半个头部伸进水中。

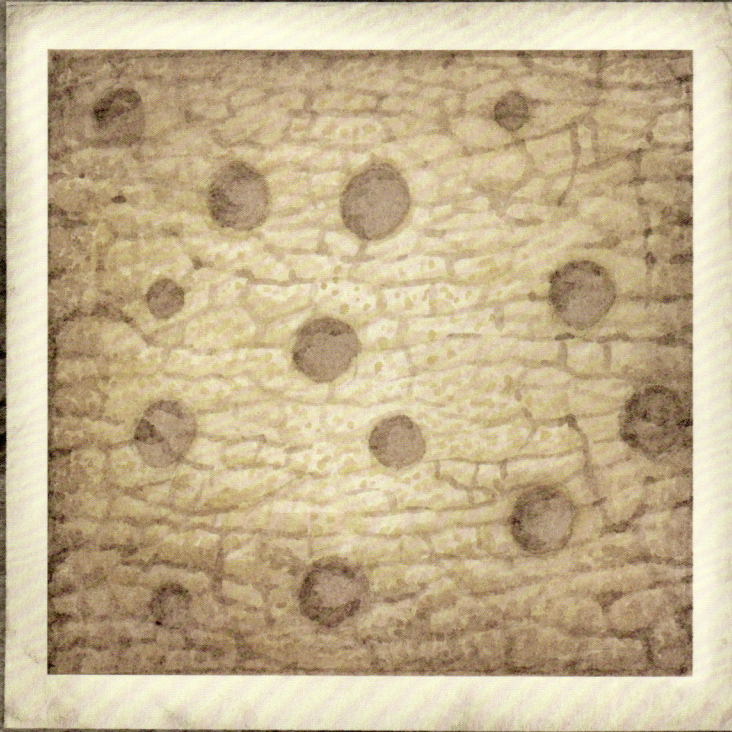

第三章

孤独乔治原本可能会在这里一直默默生活
直到死去

偶然间两位旅行者的到来
改变了孤独乔治的生活

并让它成为整个加拉帕戈斯群岛的象征

两个陌生人

20世纪70年代的一天，孤独乔治像往常一样觅食。两个人走了过来，孤独乔治本能地缩起头，发出很大的嘶嘶声。过了一会儿，发现这两个人并未对它构成威胁，孤独乔治便伸出头缓缓走开了。它不知道，这次巧遇将改变它的一生，也将改变人类对这个物种的看法。

孤独乔治的第一张照片，也是记录平塔岛象龟这一物种的第一张照片。

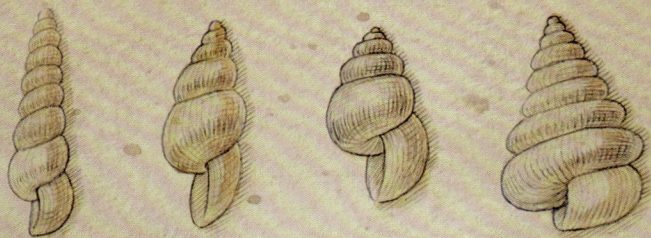

加拉帕戈斯的蜗牛在形状上极具多样化，即便在一个小岛也会进化出多种形状。

首次发现孤独乔治

1971 年 12 月 1 日，蜗牛学家约瑟夫·瓦沃吉（Jozsef Vagvolgyi）和妻子玛丽亚（Maria）来到平塔岛考察这里的蜗牛。远远发现一只正在慢步的巨龟。瓦沃吉走过去给巨龟拍了张照，巨龟开始很紧张，把头缩进壳内，并发出嘶嘶的呼吸声，但很快就放松下来，转身离开。

二人随后也离开此处，继续寻找蜗牛，并未将此事放在心上。

餐桌上的对话

　　几个月后，这对夫妇邀请一位研究乌龟的专家来家里共进晚餐。餐桌上的话题自然转向了龟类，当这位乌龟专家得知平塔岛还有活的象龟时表示很惊讶。因为在 1906 年有过最后一次确切记录后，学术界普遍认为，这个岛屿的象龟已经灭绝。

乌龟专家普理查德

1972 年 3 月，瓦格沃尔吉夫妇邀请彼得·普理查德和他的家人到家里共进晚餐。

小小的餐厅勉强能放下一张桌子和四把椅子。普理查德是世界知名的龟类专家，当他得知平塔岛竟然有象龟时，难掩心中的激动，连珠炮般地问了一连串问题，几乎让瓦格沃尔吉应接不暇。

这次聚餐结束后，普理查德觉得平塔岛可能还有一小群幸存的象龟。他组织了一个团队，动身去往平塔岛。

彼得·普理查德（Peter Charles Howard Pritchard，1943—2020），是研究龟类生物学和龟类保育方面的权威专家，曾踏足 100 多个国家和地区考察当地龟类。

普理查德与瓦格沃尔吉的部分对话

"什么时候见到的？"
—— "12 月 1 日。"

"在哪儿？"
—— "火山南面的斜坡上。"

"海拔多高？"
—— "大约 200 米。"

"有多大？"
—— "不是很大。"

"它在做什么？"
—— "散步。"

"有几只？"
—— "1 只。"

"从什么角度看到的？"
—— "侧面。"

"拍照了吗？"
—— "拍了。"

"照片洗出来以后，能寄我一份吗？"
—— "可以。"

……

抓捕

不久后，更多的人来到平塔岛，大家对这只巨龟的存在无不惊奇。这一天，它像件世间珍宝一样被围观、被议论，像家具一样被人们抬来抬去，从不同的光线角度被拍照。孤独乔治尝试跑开，不料灌木绊住了它的脚。随后孤独乔治又被众人抬到一艘小船上，离开故土，驶向一个未知的世界。

平塔岛

圣克鲁斯岛
达尔文研究站

搜索平塔岛

1972 年 3 月初，一队人马来到平塔岛，他们并不知这里还幸存象龟，此行的目的是调查山羊对当地植物的影响。3 月 20 日这一天，小组中的两名成员，曼纽尔·克鲁兹（Manuel Cruz）和弗朗西斯科·卡斯塔菲达（Francisco Castafieda）深入小岛准备猎杀一只山羊。他们看到 60 米外有动物在移动；当卡斯塔菲达举枪瞄准时，竟发现这是一只巨龟！

这个消息迅速在小组传开，人们当即改变了原来的计划，准备活捉巨龟并将其饲养保护起来。这只巨龟就是孤独乔治。当小组在活捉巨龟时，乌龟专家普理查德的队伍恰巧也赶来了。

人们用录像机记录下了运送孤独乔治的过程，它被安放在一艘小木船上。在目送孤独乔治上船后，普理查德率领团队又花了一周继续勘察小岛，试图找到其他巨龟。结果除了发现白骨外一无所获，悻悻而归。

六个月后，普理查德收到了瓦格沃尔吉寄来的象龟照片。他才发现照片上的这只象龟和运离小岛的其实是同一只。也就是说，这只象龟是这个岛上的唯一幸存者。

普理查德的团队在一个深谷底部发现了 15 具象龟的遗骸，经检验已经死去很久了。

贵宾

孤独乔治被运到位于南美洲西北部的厄瓜多尔达尔文研究站，人们对它进行了例行体检，为它清理了皮肤褶皱里的寄生虫。又对它进行了全身清洗。孤独乔治被安置在单独的一个区域，成了这里的一位贵宾。

达尔文研究站概述

达尔文研究站 logo

厄瓜多尔达尔文研究站（简称 CDRS）成立于 1959 年，是保护和繁殖加拉帕戈斯象龟的基地。位于离平塔岛不远的圣克鲁斯岛。

加拉帕戈斯国家公园游客中心

繁殖中心

孤独乔治所在的展区

展览馆
研究实验室
观赏台
餐厅
地球无脊椎动物实验室
达尔文雕像
图书馆

N

达尔文研究站地图

孤独乔治的住处在研究所独占一角。笼舍周围砌起山石，中心为开阔地带，面积数百平方米，并设有一个心形的水池和遮阳棚。

法斯图·罗里拿（fausto Llerena）孤独乔治的饲养员。

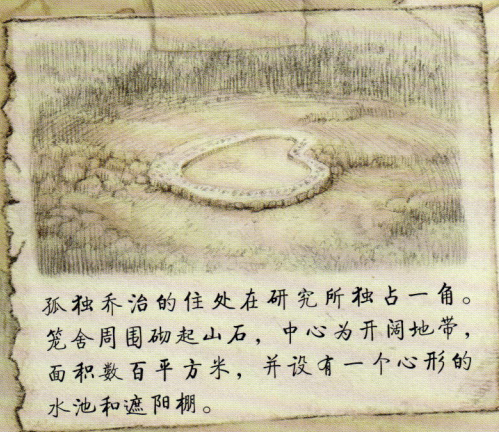

孤独乔治在这里生活得不差，饲料包括引进的象耳植物和珊瑚豆的叶子，这比小岛上的仙人掌更有营养。以至于后来孤独乔治有一点营养过剩，它的颈部下方由于内分泌失调而长出一个肉球。人们不得不限制它的饮食，改为隔一天一喂。每周一、周三、周五饲养员会带着食物走进展区，此时孤独乔治会兴致勃勃地伸出头来，打量今天的食物。

相亲

人们希望孤独乔治能延续种族的血脉，在它的围栏里放进了两只其他品种的雌象龟，但乔治始终没有
表现出太大的兴趣，或许是太久没见过同类的缘故，它不知道该怎么做。

两只雌龟属于沃尔夫火山象龟，当时被认为是与平塔岛象龟关系最为密切的品种。

与孤独乔治有关的纪念品遍布当地的大街小巷。

"孤独乔治"外号的由来

为了延续这一物种，让孤独乔治繁殖。人们在展区里放入两只其他品种的母象龟。但孤独乔治总体上是冷淡的。雌性只产下几窝未受精的卵。于是，"孤独乔治没有性能力""孤独乔治是同性恋"之类的玩笑不胫而走。在20世纪50年代，美国有一名喜剧演员，常在电视节目中调侃自己是"孤独乔治"。久而久之，人们就将这个外号挪用过来。巨龟孤独乔治便成为这里的大明星，它的展区成为游客的必经之地。

喜剧演员乔治·戈贝尔（George Goble）的电视节目《乔治·戈贝尔秀》在美国广受好评。在节目中他扮演一个妻管严的倒霉丈夫，经常戏称自己是"孤独乔治"。

孤独终老

　　时光流转，日月如梭，乔治从壮年步入老年。2012年夏天，著名环保人士大卫·爱登堡专程来看它，这似乎和200年前达尔文来观察象龟遥相呼应，他们都是英国人、都深信进化论。而且这次进化论已经普遍被世人接受，人类也已经有能力用科学来挽救其他物种。但对于孤独乔治来说，这一切还是太晚了。在大卫·爱登堡离开的两周后，孤独乔治在睡梦中孤独死去。

孤独乔治与大卫·爱登堡

作为一个个体，孤独乔治丰衣足食，但对于平塔岛象龟这个物种而言，孤独乔治无法提供繁衍生息的希望。但孤独乔治仍有意义，它在不断地提醒人们物种的脆弱。

2012 年，大卫·爱登堡来到研究站探望孤独乔治，为它拍摄纪录片。这已经不是大卫第一次来了。天还没亮，大卫就进入围栏里等候，不久，孤独乔治缓缓走来，拍摄很顺利。

两周后的一天早上，饲养员来到孤独乔治的围栏，发现它已在睡梦中死去。

大卫·爱登堡（David Frederick Attenborough，1926— ）当代世界著名的纪录片主持人，知名环保人士。年过九旬的他依然创作力旺盛、乐观且充满活力。深受世界观众爱戴。

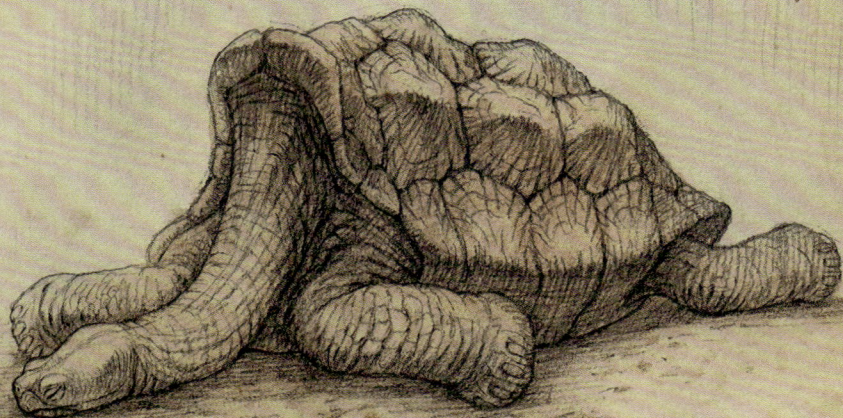

"我对着镜头说完了台词，就在那时，孤独乔治支起沉重的躯壳，慢慢地走开了，就是这样，我的采访结束了。"

——大卫·爱登堡

"孤独乔治是我们这个时代的标志，它代表着加拉帕戈斯的一切。"

——纪录片导演马丁·威廉姆斯

平塔岛的山羊如今已经被全部清除，人类在这里放生与平塔岛象龟亲缘关系较近的其它加拉帕戈斯象龟，生命进化的奇迹还将继续。

THE END

孤独乔治死后

研究站的工作人员用小推车转移孤独乔治的尸体。

孤独乔治的遗体先被装进这样一个特制的白色箱子中运到美国。

　　孤独乔治于 2012 年 6 月 24 日早 8 点被发现死亡，关于它死时的年龄并没有一个精确的定义，在 80~120 岁都有可能。孤独乔治的尸体先被运往美国，进行尸检和防腐处理，其标本在美国自然历史博物馆做短暂展出之后重回达尔文研究站，陈列在名叫"希望之屋"的展区。

在网上寻找孤独乔治

网上可以查到孤独乔治很多的图片录像，但加拉帕戈斯象龟的种类较多，而且一些马鞍形象龟和孤独乔治看起来很像。注意孤独乔治有一些与众不同的特点：

喙部的缺口

从侧面看，背甲边缘并不平缓，第二块和第三块椎盾之间向下凹陷

由于营养过剩而长出的肉球

有趣的是，为孤独乔治制作标本的人也叫乔治，乔治·丹特 (George A Dante) 自高中就开始兼职制作动物标本。

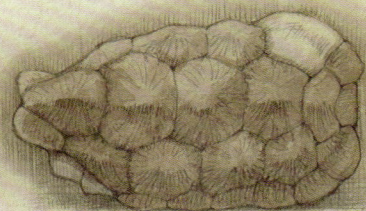

一具发现于平塔岛的龟壳，其主人的生存时间与孤独乔治很接近。

真实照片

孤独乔治的第一张照片

从平塔岛运往达尔文研究站

孤独乔治与饲养员罗里拿

"我不知道它消失后会发生什么，我不希望这件事会发生，至少有我在的时候不会，我在畜栏里会觉得空虚，会觉得寂寞，好像失去了一切。"

——饲养员 罗里奎

晚年的孤独乔治

标本师乔治·丹特在为孤独乔治制作标本

陈列于达尔文研究站的孤独乔治标本

平塔岛象龟编年史

2.25 亿年前
龟类出现，已知最古老的形态是半甲齿龟和原颚龟，其始祖可能是晚二叠世的正南龟。

600 万年前
太平洋的海底火山爆发，形成加拉帕戈斯群岛。

300 万年前
南美洲的陆龟顺着洋流漂流至加拉帕戈斯群岛，进化成加拉帕戈斯象龟。

1835 年 10 月 16 日
查尔斯·达尔文乘"贝格尔"到达加拉帕戈斯群岛。这次勘察为《物种起源》提供了重要证据。

1914 年
爬行动物学家约翰·范登堡（John Van Denburgh）将加拉帕戈斯象龟编目为 15 个亚种。

1906 年以后
最后一次平塔岛象龟的标本采集记录，此后该物种被认为灭绝。

19 世纪 40 年代
群岛边缘的象龟开始灭绝。

17 世纪
海盗、水手、捕鲸者不断猎杀加拉帕戈斯群象龟。

SOS GALAPAGOS

1971 年 12 月 1 日

软体动物学家瓦格沃尔吉及其夫人在平塔岛勘察，意外发现孤独乔治。后告知乌龟专家彼得·普理查德。

1990 年

平塔岛上的山羊被清除。植被开始恢复。

2012 年 6 月 24 日早 8 点

饲养员发现孤独乔治已经死亡。

1959 年

厄瓜多尔政府在加拉帕戈斯群岛建立国家公园。

同年加拉帕戈斯群岛查理斯·达尔文基金会成立。

1974 年

人们估计此时整个加拉帕戈斯群岛的象龟还剩 3000 只，而曾经有 25 万只。

2008 年 7 月

孤独乔治在研究站与雌龟出现交配行为，但均未孵化。

参考资料

书籍：

[1] 查尔斯·达尔文."小猎犬"号科学考察记 [M]. 王媛译. 北京：中国妇女出版社，2017：240-262.

[2] 托尼·赖斯. 发现之旅 [M]. 林洁盈译. 北京：商务印书馆，2012：214-241.

[3] 陈振盼. 一座岛的 600 万年：加拉戈斯群岛的前世今生 [M]. 何楷译. 武汉：长江少年儿童出版社，2019.

[4] 蒂姆·哈利代. 两栖与爬行动物百科全书 [M]. 刘正波. 哈尔滨：黑龙江科学技术出版社，2008：137-138.

[5] 贝莉卡·E·赫希. 动物目击者：加拉帕戈斯象龟 [M]. 焦荣译. 石家庄：河北少年儿童出版社，2017：2-23.

[6] 伊莲娜·哈杰克，达米安 拉文顿. 消失的动物 [M]. 刘学译. 北京：电子工业出版社，2013：32-33.

[7] 拉德克·马利. 消失的动物 [M]. 傅临春译. 长沙：湖南科学技术出版社，2020：28-29.

[8] 周婷，周峰婷. 世界陆龟图鉴 [M]. 北京：中国农业出版社，2020：6-7，59-63.

[9] 彼得·扬. 铁甲忍者：龟与人类文明 [M]. 李庆学，张玉亮译. 北京：清华大学出版社，2021：1-2.

[9] Henry Nicholls.Lonesome George：The Life And Loves Of A Conesrvation Icon[M].New York：Macmillan，2006:1-50.

[10] Wendell Minor.Jean Craighead George:Glalpagos George[M].New York：Harper，2014.

网站：

Tortoises.Reptiles of Ecuador-https://www.reptilesofecuador.com/testudinidae.html

电视节目：

[1]BBC，Lonesome George and the Battle for Galapagos，2006.

[2]BBC，Attenborough at 90: Behind the Lens，2016.

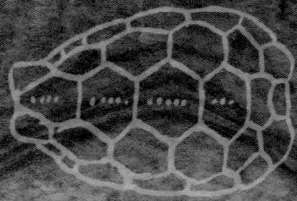

感　谢

　　这套绘本的前身可追溯到 2018 年我在公众号上发布的同名系列文章，感谢崔戴琪、张雨萌、金璇对于公众号的支持。感谢学长徐业博、刘滨鼓励我把这些文章扩充成绘本，朱婧琪、李孟推荐并提供了很多专业画材，绘本画师刘晓俏也向我介绍了创作过程。感谢摩点众筹的马麟老师，从绘本创作初期便开始关注，提出了很多推广上的意见。

　　正式创作时需要查阅大量资料，在此期间有幸结识了《悲情国宝——白鱀豚生死全记录》的作者于江老师，他对长江豚类的一往情深令我鼓舞。随着绘本逐渐成形，第一版排版完成，感谢 IFAW（国际爱护动物基金会）的伙伴们，他们是绘本的第一批读者，并向我提出了很多动物行为方面的意见。到了找出版社的环节，感谢魏珊向我推荐了微信群"人类世动物爱好者互助会"，在这里我结识了王宇飞，她向我推荐了现在合作的出版社。最后到了出版前的审校环节，感谢王克雄老师参与审校白鱀豚分册，他正是书中主角淇淇的饲养员。也感谢解焱女士参与袋狼分册的审校，多年来她一直致力于东北虎的保护，我也曾受她的鼓舞去珲春虎豹国家公园参与志愿活动，所以当第一次得知她能来参与审校时倍感荣幸。

　　最后感谢父母把我带到这个美妙的世间，含辛茹苦养我成人，支持我走上艺术创作这条路。感谢卞其凰，不仅参与了封面的设计，几年来也在各个方面一直默默支持我，真心陪伴我左右，并向我分享看待人生、看待世界新的眼光，没有她也就没有今天的我。